国際貢献とSDGsの実現

―持続可能な開発のフィールド―

東洋大学国際共生社会研究センター 監修
北脇秀敏・松丸 亮・金子 彰・眞子 岳［編］

朝倉書店

執筆者（執筆順）

加藤　宏（1章）　国際協力機構（JICA），理事

横山　正（2章）　財務省，大臣官房企画調整主幹
前　アフリカ開発銀行，アジア代表事務所所長

吉田　憲（3章）　国際協力機構（JICA），中南米部部長

**藏　志勇（4章）　中国・寧夏大学中日国際連合研究所，副所長
中国・寧夏大学外国語学院，副院長・准教授

*花田真吾（5章）　東洋大学国際学部，准教授

内藤智之（6章）　国際協力機構（JICA），国際協力専門員

フラビオ・ウルノー（7章）　サンパウロ総合大学，教授

*藪長千乃（8章）　東洋大学国際学部，教授

**島野涼子（9章）　東洋大学国際共生社会研究センター，客員研究員

*柏﨑　梢（10章）　東洋大学国際学部，助教

松本重行（11章）　国際協力機構（JICA），地球環境部次長

**久留島守広（12章）　東洋大学国際学部，客員教授

**村上淑子（13章）　東洋大学国際共生社会研究センター，客員研究員

***北脇秀敏（14章）　東洋大学国際共生社会研究センター長／東洋大学，副学長
東洋大学国際学部，教授

***松丸　亮（14章）　東洋大学国際共生社会研究センター，副センター長
東洋大学国際学部，教授

***金子　彰（14章）　東洋大学国際共生社会研究センター，客員研究員

***眞子　岳（14章）　東洋大学国際共生社会研究センター，研究助手

* 東洋大学国際共生社会研究センター，研究員

** 東洋大学国際共生社会研究センター，客員研究員

*** 本書編集委員

所属，肩書は2019年8月現在

はじめに

東洋大学国際共生社会研究センター（以下，センター）は2001年に東洋大学大学院国際地域学研究科を母体として設立され，研究を継続してきた．2015年度以降は文部科学省の私立大学戦略的研究基盤形成支援事業のスキームで「アジア・アフリカにおける地域に根ざしたグローバル化時代の国際貢献手法の開発」をプロジェクト名とし，SDGsの実現に向けた研究を行ってきた．その活動の中で2017年9月にはSDGsの17目標のうち，センターが重点的に取り組むものに関連する研究成果をまとめ，本書の先駆けとなる『持続可能な開発目標と国際貢献―フィールドから見たSDGs―』を上梓している．その後2年が経過してSDGsが公知のものとなり，その実現に向けた方策を正面から議論する段階に至った．

このような背景から本書は，第1部で「SDGs実現に向けた課題と枠組み」，第2部で「SDGs実現に向けたフィールドからの取組」をコンセプトとし，地域的・課題的な広がりの両方をカバーするような構成としている．フィールドに根ざした活動を行い，SDGsの実現に貢献しようとする人材の育成に，本書が今後多少なりとも貢献できれば幸いである．センターは2019年度からは東洋大学独自の研究支援スキームである重点研究推進プログラムに選定され，2020年度以降も活動を継続する予定である．センターは今後もSDGsの実現のために微力を尽くすとともに，その成果を積極的に公表して行きたいと考えている．

なお，本書の出版のもととなる活動を実施できたのは，文部科学省と，センターの所属機関である東洋大学の多大な支援があって初めて可能になったものである．また本書を刊行するにあたり朝倉書店の編集部には編集作業において多大なるご尽力をいただいた．ここに関係各機関に心から感謝したい．

2019年10月

東洋大学国際共生社会研究センター長
東洋大学副学長・国際学部教授

北脇　秀敏

目　　次

1. SDGsと国際貢献
—国際協力実施機関の立場から—

1.1 は じ め に

本章は，これからの国際貢献を展望するにあたり，二つの変化に着目する．一つは，持続的開発目標（以下，「SDGs」という）の生み出す国際的な潮流の変化であり，いま一つは，日本固有の国内事情によって生じる変化である．それらの変化の結果，日本の国際貢献，特に現在，政府開発援助（以下「ODA」という）と呼ばれている活動が今後どのように変容していくかについて，試論を提示する．

本章の主張は次の3点に要約される．第一に，SDGsとはミレニアム開発目標（以下，「MDGs」という）を引き継ぐかたちで出来上がったものではあるが，まったく新しいパラダイムを提示しているものであると同時に，グローバル・スタンダードとして強い規範力を持つに至ると予想されること．第二に，そのようなSDGsの時代においては，国際貢献のあり方が，国際的にも，また日本国内においても，大いに変容するであろうこと．そして第三に，日本においては，SDGsからの影響に加えて，日本の置かれている固有の社会・経済事情によっても，新しい内容の，新しい形式による，国際貢献活動が急速に発達していくであろうこと——この3点である．

以下，まず1.2節において，SDGsの概要や意味合いなどを概観する．1.3節においては，SDGsが主流化されるにつれて重視されていくであろう国際貢献のあり方を展望する．1.4節においては日本社会固有の事情に応じて生じると思われる国際貢献の変容を議論する．最終の1.5節においては，これからの日本の国際貢献を実りあるものにするうえでの課題を提示することとしたい．

1.2 MDGsからSDGsへ—SDGsにおける三つの変化—

SDGsはその前身であるMDGsを引き継ぐかたちで2015年9月に国連において採択され，2016年から2030年までの15年間をカバーする目標として発足したものである．そのような制定の経緯からして，MDGsとSDGs両者の間には，さまざまな継続性ないし類似性が見て取れる．しかし，そのような外形的な類似性はあるが，それらはいわば表面的なもので，置かれている環境も含めて，両者は「似て非なる」ものである．

1.2.1 MDGsからSDGsへ

SDGsに触れる前に簡単にMDGsに触れておくと，MDGsを批判したりその限界を指摘したりする声もあるが，総体として，それが開発課題の達成のために果たした貢献は極めて大きい．まず，未達の課題も残ったが，MDGs期間中に，特に貧困削減や初等教育就学率などのいわゆる社会開発セクターを中心として，国際社会が大きな足取りを進めたことに疑いはない[1]．しかし，MDGsが果たした貢献とは，そのような指標の改善にもまして，新しいビジネス・モデルを創出したことである．すなわち，国連での合意のもとに開発上の目標を立て，数値化し，年限を定め，モニタリングシステムを作るという新しいビジネス・モデルを発明し，それが完全ではないにせよ機能するということを立証したこと——これこそがMDGsの最大の功績である．このようなモデルが有効に機能するとの認識が国際的に共有されたからこそ，MDGsの後継となるべき枠組みに対して，多くの組織や国がこぞって，自らが重要と思う事項やアジェンダを組み込むよう努力したのである．

さて，MDGsと比較してのSDGsの外形的な特徴は，ゴール設定が極めて広範になったということである．ゴール数だけで見ると，MDGsにおいては8だったものが，SDGsにおいて17となった．しかし，これらの数字を単純に比較しても意味はない．ゴールの立て方が両者の間で著しく異なっているからである．MDGsにおいては，個別具体的なゴールとターゲットによって，ある開発課題への取り組みの進展度合いを代表させる方式がとられていた．たとえば，保健に関する記述の仕方は，MDGsにおいては，幼児死亡率の削減，妊産婦の健康の改善，HIV／エイズ，マラリアとの闘いという，個別的な項目によって代表されていた．これに対し SDGs においては，保健に関する課題は，ゴール 3「あらゆる年齢のすべての人々の健康的な生活を確保し，福祉を推進する」に統合され，その下に 1 から 9 までおよび a から d までのターゲットが並ぶ構造をとった(表 1.1 参照)．それらターゲットは極めて多岐にわたる項目をカバーし，妊産婦の死亡率や新生児死亡率，5 歳以下死亡率の減少や，エイズ，結核，マラリアおよび顧みられない熱帯病といった伝染病，肝炎，水系感染症およびその他の感染症，非感染性疾患から精神保健に至るまで，極めて多岐にわたっている．以上は保健・福祉の分野に限った例示だが，全体的に，MDGs においてはいくつかの代表的な項目でゴールとターゲットを代表させようとしたのに対し，SDGs においては，ゴール・ターゲットの範囲が広がり網羅的になったといえる．

SDGs におけるゴール設定の第二の特徴で注目すべきは，他のゴールに対する「手段」としての位置づけを持つようなゴールないしターゲットが付け加わったということである．すなわち，貧困や飢餓の撲滅，保健・福祉の充実などは，それ自体が価値を持つ，いわば究極的なゴールといえるものであるが，それとは違った性格のゴールも多く列記されるようになった．たとえばゴール 7 の「近代的エネルギーへのアクセス確保」，ゴール 9 のインフラ整備などは，他のゴールを支える，いわばサブ・ゴールと位置づけられよう．このような，上位目標的なゴールと，そのための手段としての性格を持つゴールとを併存させたことは MDGs にはなかった SDGs の特徴である．

次元の違うものが同レベルに並べられているのは論理的整合性の観点からは褒められたことではなかろう．しかし，多様な，あるいは具体的なゴールがあることには実務上の大きなメリットがある．個人であれ組織であれ，究極的なゴールの重要性を説かれても，自分がどのようなかたちでそれに貢献できるかを可視化し実感することは難しいだろう．しかし，手段性の高いゴールも明示的に含めることによって，多くの企業や団体が，自らの活動と SDGs とを結びつけることが可能となったという側面があるといえる[2)]．

1.2.2　南北問題を超えてグローバルな持続的開発へ

しかし，SDGs の MDGs との間の違いの中でも最も重要なものは，その名の示すとおり，SDGs が，地球環境の持続的発展に対する深い危機感に裏打ちされて

表1.1　MDGsとSDGsのゴールの対比表

<table>
<tr><th colspan="2">SDGsの目標</th><th colspan="2">MDGsの目標</th></tr>
<tr><td>1</td><td>あらゆる場所のあらゆる形態の貧困を終わらせる</td><td rowspan="2">1</td><td rowspan="2">極度の貧困と飢餓の撲滅</td></tr>
<tr><td>2</td><td>飢餓を終わらせ，食料安全保障及び栄養改善を実現し，持続可能な農業を促進する</td></tr>
<tr><td rowspan="3">3</td><td rowspan="3">あらゆる年齢のすべての人々の健康的な生活を確保し，福祉を促進する</td><td>4</td><td>乳幼児死亡率の削減</td></tr>
<tr><td>5</td><td>妊産婦の健康の改善</td></tr>
<tr><td>6</td><td>HIV／エイズ，マラリア及びその他の疾病の蔓延防止</td></tr>
<tr><td>4</td><td>すべての人々への包摂的かつ公正な質の高い教育を提供し，生涯学習の機会を促進する</td><td>2</td><td>普遍的初等教育の達成</td></tr>
<tr><td>5</td><td>ジェンダー平等を達成し，すべての女性及び女児の能力強化を行う</td><td>3</td><td>ジェンダーの平等の推進と女性の地位向上</td></tr>
<tr><td>6</td><td>すべての人々の水と衛生の利用可能性と持続可能な管理を確保する</td><td>7</td><td>環境の持続可能性の確保</td></tr>
<tr><td>7</td><td>すべての人々の，安価かつ信頼できる持続可能な近代的エネルギーへのアクセスを確保する</td><td rowspan="10"></td><td rowspan="10"></td></tr>
<tr><td>8</td><td>包摂的かつ持続可能な経済成長及びすべての人々の完全かつ生産的な雇用と働きがいのある人間らしい雇用を促進する</td></tr>
<tr><td>9</td><td>強靱（レジリエント）なインフラ構築，包摂的かつ持続可能な産業化の促進及びイノベーションの推進を図る</td></tr>
<tr><td>10</td><td>各国内及び各国間の不平等を是正する</td></tr>
<tr><td>11</td><td>包摂的で安全かつ強靱（レジリエント）で持続可能な都市及び人間居住を実現する</td></tr>
<tr><td>12</td><td>持続可能な生産消費形態を確保する</td></tr>
<tr><td>13</td><td>気候変動及びその影響を軽減するための緊急対策を講じる</td></tr>
<tr><td>14</td><td>持続可能な開発のために海洋・海洋資源を保全し，持続可能な形で利用する</td></tr>
<tr><td>15</td><td>陸域生態系の保護，回復，持続可能な利用の推進，持続可能な森林の経営，砂漠化への対処，ならびに土地の劣化の阻止・回復及び生物多様性の損失を阻止する</td></tr>
<tr><td>16</td><td>持続可能な開発のための平和で包摂的な社会を促進し，すべての人々に司法へのアクセスを提供し，あらゆるレベルにおいて効果的で説明責任のある包摂的な制度を構築する</td></tr>
<tr><td>17</td><td>持続可能な開発のための実施手段を強化し，グローバル・パートナーシップを活性化する</td><td>8</td><td>開発のためのグローバル・パートナーシップの推進</td></tr>
</table>

（出典：JICAホームページ，https://www.jica.go.jp/aboutoda/sdgs/SDGs_MDGs.html）

いることであろう．MDGsが採択された2000年の段階においては，地球環境，特に気候変動問題に対する国際的な認識は，まださほど深刻ではなかった．確かに，その直前の1997年には京都議定書が署名されていた．しかし，温暖化が人為的行為に起因するものだという説を疑問視する議論（いわゆる地球温暖化懐疑論）にも根強いものがあり，国際的なコンセンサスがあったとはいえない．MDGsにおいては，中心的な問題意識は途上国の貧困問題であった．

しかし，その後，地球環境への危機感は着実に深まっていき，SDGsが採択された2015年の段階においては，地球温暖化が人為的なものであり，早急な対策が必要であることが,ほぼ,学術的な議論を踏まえた国際的なコンセンサスとなっていたといえる．これほどの危機の感覚は，MDGsが採択された2000年にはなかったものである．

SDGsの基本の問題意識が地球環境の持続性への危機意識であったことは，MDGsとSDGsの間の二つ目の大きな違いを生んだ．すなわち，SDGsが，途上国の開発問題だけに対処するものから，グローバルな課題に対処するものへと変化したのである．MDGsにおいては，取り組むべき課題の中心に据えられていたのは南北問題としての開発問題であり，そのために先進国が途上国を支援することを目的とした枠組みであった．当然のことながら，MDGsでは，先進国の抱える課題——たとえば，先進国内においても顕在化しつつあった格差問題など——についても具体的な改革目標などは設定されることはなかったのである．しかし，SDGsにおいては，先進国は，途上国の持続的開発を支援するだけでなく，自らも持続的開発を実現してグローバルな持続的開発に貢献するという責務を引き受けることとなった．このような課題設定の変化により，SDGsでは対象はすべての国に広がり，先進国における生産と消費などもゴールに含まれるところとなった．

1.2.3 民間セクターの役割を大きく位置づけ

別の観点から見ると，SDGsの特徴の中で特に注目すべきは，民間セクターを主要なアクターと位置づけていることである．いくつかの事情がこの背景にあったと考えられる．

第一に，SDGsにおいてはMDGsに比べて，経済成長の意義と必要性がより強く認識されるようになったことである．かつてのMDGsでは，途上国の開発，そしてその中でも特に社会ないし人間開発（貧困の削減，初中等教育，保健など）に力点が置かれており，貧困削減のエンジンとなるはずの経済成長という側面がゴールレベルで強調されることはなかった．これに対し，SDGs においては成長の重要性が明示的に語られると同時に（ゴール 8），成長を支えるさまざまなサブセクターの発展がゴールとして設定されるに至った（ゴール 7 および 9）．

この背景にあるのはまず，公的セクター主導の開発の限界についての認識であろう．MDGs の功績は大きかったが，しかし多くの課題が未達成のまま残った．そのため，ODA などの公的アクターの支援だけでは目標がとうてい達成できず，民間が主体的に各種の課題に取り組まないことには持続的な改革と成長に結びついていかないという認識が広まったのである．なお，いま「持続的な改革と成長」と述べたが，ここでの「持続的」とは，地球環境の持続性という本来の意味とはいささか違い，事業・活動の持続性といった意味である．すなわち，経済活動の結果，利潤が生じて再投資され，政府の税収が増え，公共投資ないし民間投資のための貯蓄が進まなければ，事業・活動そのものが持続せず，したがって長期的なゴールの達成もあり得ない――そのような認識から，SDGs において，民間セクターの活動が重視されるに至ったと考えられるのである．

民間セクターの位置づけが大きくなったことの第二の背景として，先進国を含むすべての国が SDGs の対象となったという構造の変化もあると考えられる．民間の経済活動の絶対的な規模が圧倒的に大きいのは先進国である．そして民間セクターの協力なくして SDGs の実現がおぼつかないのであれば，必然的に，民間セクターを主役にしなければならないということである．

さらにいえば，先進国をも対象とすることとした枠組みの変化は，国際貢献の実施主体として，民間セクターの関心を引き付けるうえで大きな意味を持ったとも考えられる．MDGs では，主な舞台は途上国特に最貧国であって，しかも対象分野は貧困削減などの社会的側面に集中していた．であるとすれば，先進国の企業がそこにビジネスチャンスを見出す可能性はおのずと限られていたといわざるを得ないだろう．しかし SDGs においては，対象は世界全体に広がり，分野も貧困削減などを超えて広がった．ゆえに民間セクターがビジネスチャンスを見出す可能性もまた，大きく広がることになったともいえる．

なお，このような民間セクターを重視するという枠組みは，単に公的セクターからの一方的なラブコールの結果ではなく，民間セクターの側からもその位置づけについて積極的な働きかけがなされた結果でもあるという指摘がなされている[3)]．SDGs が将来において大きな役割を果たすだろうと見越した慧眼の企業家たちが，SDGs の制定過程全般に能動的に関与し，民間セクターの役割が SDGs において強調されるに至ったと考えられるのである．

1.2.4　グローバル・スタンダードとしての規範と日本への浸透

SDGs と MDGs の間の重要な違いの第三は，国際的な規範としての力の大きさである．SDGs は法的な拘束力を持つものではないが，しかしその影響力は，MDGs とは比較にならないほど大きいのである．

まずは，これだけ広範な分野にわたる共通目標を国連総会の全会一致で採択したことが画期的である．同じ 2015 年 12 月には気候変動枠組条約に関するパリ協定が合意されたこと，そしてその背景にある地球の持続可能性への強い危機感とも相まって，SDGs は国際協調のための共通的な枠組みとなった．そのようなものとして SDGs は，国・政府に対してもちろん，非政府のアクターに対しても，デファクトの大きな強制力を持つに至るであろう．

これは，SDGs への取り組みの度合いが，国・政府の評価において重要な比重を占める時代が来ることを意味する．あるいは，そのような時代はもう到来しているといってもよいであろう．かつて，MDGs の時代までは，国が国際社会で評価される指標として最も頻繁に言及されていたのは ODA の拠出額であった．これに代わり，SDGs の時代では，自国での SDGs の達成への取り組みを含めた総合的な指標によって国をランキングする試みがすでに広がっている[4)]．米国ドナルド・トランプ大統領のような極端な例外を除き，一国の為政者は，自国の SDGs 貢献度のランキングを顧慮せざるを得なくなるはずである．

また，SDGs は，ESG 投資などと並んで，持続性，企業倫理の観点から企業とその活動を評価する際の行動規範になると見込まれる．SDGs は，ビジネスチャンスを生むと同時に，それに反することが企業へのマイナス・リスクを生むという構造を生み出しているのである．そのような事態がすでに進んでいることは，ネット上に行きかう議論・発言を垣間見るだけですでに明らかである．

さて，SDGs のこのような影響力は，当然，日本にも及んでいる．いまだ一般市民の間での認知度は低いが，いまや SDGs は一種のブームの観さえ呈している．

メディアの扱いも次第に大きくなっている[5)].

まず政府レベルでは，2016年5月に，安倍晋三首相が本部長となり全閣僚が参加するかたちで，SDGs推進本部が設置されて，SDGs推進の基本の体制が作られた．次いで2016年12月にはSDGs実施指針が示された．これは日本政府のビジョン，経済，社会，環境の分野における八つの優先課題を提示したものであり，140に上る国内・国外施策も同時に策定された．SDGs推進本部長の指示によりSDGs推進円卓会議も年2回程度開催されていて，この円卓会議には，省庁のほか，企業，大学，NGO/NPO，国際機関などから広範な関係者が集まり，SDGsの国内外での推進に向けた意見交換が行われている．

経済界でも，SDGsを企業行動の中心的な枠組みとして位置づけようとする動きが活発化している．経団連は企業行動憲章を改訂（2017年11月）したが，改定された新しい憲章の柱は新たな成長モデルSociety 5.0を通じたSDGsへの貢献であった．これは，日本を代表する経済団体が，SDGsを日本自らの課題であるとみなすことを宣言したとも受け止められるものであり，意義が大きいといえよう．同様に，SDGsを用いた既存事業の再点検や，新たなビジネス・モデルを模索する動きなどが活発化しており，企業のCSR部門や経営層をターゲットに，ESG投資[6)]やSDGsをテーマにしたセミナーや講習会が数多く開催されるに至っている．

自治体においても，自らの政策にSDGsを位置づけるところが増えてきている．全国レベルでの自治体を巻き込む「地方創生SDGs官民連携プラットフォーム」がすでに発足しており，500を超える自治体が参画している．このような動きの背景には，政府などの助成金などを受けやすいという実利的な動機もあるだろうが，それに加えて，SDGsの「誰一人取り残されない」をはじめとするSDGsのコンセプトが，疲弊する地域の再活性化を進めるうえで有効だと考える自治体が増えているといった事情もあろう．

教育現場にも動きが出ている．大学ではSDGsについての講義が増えてきており，学内の研究成果をSDGsの枠組みを活用してアピールしている大学もある．初中等教育においても，新しい学習指導要領では，「持続可能な社会や世界の創り手となる」ための教育やESD（持続可能な開発のための教育）が重視されるようになった．

このように，まだ，SDGsの認知度はまだ低いとされる日本であるが，さまざまなかたちで社会に浸透していくに違いない．同様の動きは，国ごとに違いはあれ，進んでいくであろう．

1.3　SDGs 時代の国際貢献

ここまで，SDGs の内容を概観し，またその規範としての影響力について議論してきたが，1.3 節においては，SDGs が主流化される時代における国際貢献の具体的なあり方について試論を提示したい．

1.3.1　国際貢献の概念が変化していく

強まることが確実な方向性の第一は，SDGs の枠組みで国際貢献の主役となるのは民間セクターとなるということである．そして，これに伴って，国際貢献という概念も変化していくだろう．

SDGs 以前の段階では，国際貢献とは，いわば，国際貢献を生業（なりわい）とする公的機関や NGO が行うか，あるいはそれ以外の篤志家や CSR に熱心な企業が行うものと理解されてきた．しかし，SDGs の時代においては，そのような限定はなくなり，あらゆる組織・企業・個人の活動が，その内容しだいで「SDGs に貢献する国際貢献」になり得ることになった．逆にいえば，これからは，自分があえて「国際貢献」に従事しているという意識がないままに，結果として，SDGs の実現に貢献するような国際的な活動に従事しているということも増えていくだろう．そのような意味で，SDGs の時代とは，従来型の，「国際貢献，国際協力」という概念の外延が大きく拡張する時代である．そして，概念があまりに大きく拡張するがあまり，国際貢献の固定された「かたち」というものが溶解していく時代であるといえる．

1.3.2　ODA は触媒としての機能を強めていく

このような変化に伴って，伝統的な ODA の役割も，大きく変わるだろう．

上述の動きの裏返しとして ODA に生じることが確実な変化は，まず，民間セクターによる国際貢献の活動の「触媒」としての ODA の役割が従来以上に大きくなるということである．SDGs の実現に向けて，いわゆる「市場の失敗」を防いで民間セクターの活動から正の外部性を引き出すためには，公的セクターからの介入手段としてのODAが求められるからである．

ODAの触媒機能に含まれるものは多岐にわたろうが，日本で進められている事例を念頭において例示すると，触媒として考えられる代表的な機能は，次のようなものである．

⑴ 企業その他の民間セクターの国際貢献活動のうち，SDGsへの貢献度が特に高いと思われるものを，公平性を損なわない範囲で支援する（初期コストや初期リスクを負担する，パートナー国との関係者との関係構築を取りもつなど）．

⑵ 特に，SDGsに貢献するような事業への参入を阻んでいる情報ギャップをなくす（途上国の課題・ニーズについての情報を提供するなど）．

⑶ 異種・異業種のアクターの交流の場を提供する（NGO，企業，自治体や海外の関係者，海外からの留学生などを結びつけるなど）．

第二に，伝統的なODAとしての技術協力事業や資金協力事業の世界にも変化が生じよう．孤立型の二国間プロジェクトが相対的に減少し，さまざまなアクターとパートナーシップを組むかたちで進める協力，あるいは複数国ないし地域共同体などをパートナーとするネットワーク型の協力が主流化していくだろう．可視化できるほどの開発上のインパクトを単独で生み出せる組織団体は存在しない以上，事業インパクトを高めるためにも，また対外的アピール度を高める意味でも，パートナーシップによる協力を促進しようとする組織が増えるだろうと考えられるからである．

パートナー型の事業の一類型である南南協力，三角協力も発展していくだろう．かつては，南南協力・三角協力は，先進国の途上国への協力，すなわち南北協力を補完するものとして理解されていた．しかし，今後は，南北間協力を凌駕して，こちらの方が主流化するだろう．なぜなら，いまや，中国はいうに及ばず，新興国の勃興により，SDGsへの貢献を旗印に国際貢献を積極的に行おうとする国が飛躍的に増えるであろうからである．また，パートナーシップの強化が強く謳われたSDGsにおいては，途上国間の知識共有・共創が奨励され，さらに一般化していく．そのような動きも，南南協力・三角協力の一般化に拍車をかけるだろう．

しかし第三に，先進国や新興国による，公的セクターを対象としたいわゆる伝統的な開発援助的な活動も，一定の役割を果たし続けるだろう．なぜなら，民間セクターの参入が難しい国・課題というものは常に存在するからである．たとえば，最貧国への支援，紛争国への道的な援助など，民間セクターには関与が期待できない種類の事業がそれにあたる．あるいは官にしかノウハウのない領域——例を挙げれば行政，司法，治安維持，安全保障など——の分野における協力もある．これらは，需要のある限り，引き続き着実に実施されていくであろう．

1.4　日本の直面する課題と国際貢献の変容

この節では，今後の日本の国際貢献の変化を展望したい．その際，SDGs の影響と併せて考えるべきは日本固有の事情である．日本の国際貢献は，それが究極的には日本の広義の国益のために行われるものである以上，日本の国内事情や国内政策，外交，安全保障政策上の必要の変化からも大きな影響を受けるからである．

国際貢献の中心的ツールである ODA の歴史を振り返ってみれば，多くの節目があった．たとえば 1973 年のオイルショック，1990 年の湾岸戦争，1997 年のアジア金融危機，2001 年の 9・11 事件などがそれにあたる．ODA はこれらの節目を起点として，その時々のニーズに応じて，変遷を重ねてきた．政府にとって，ODA が外的，内的な政策動機に応じて柔軟に使いまわすことのできる数少ないツールの一つであったとすれば，そのような変遷は当然のことである．そして，最近の節目は 2015 年にあった．すなわち，同年 2 月に，「開発協力大綱」が制定され，日本が直面する新しい課題に対応するためのツールとして新しい政策が宣言されたのである[7]．

では，今後の日本の国際貢献のあり方を左右する問題とは何か．いうまでもなくそれは，外的には北東アジアや南シナ海などの安全保障問題であり，内的には人口減少，高齢化，地方の衰退，労働力不足などの問題である．ちなみに，安全保障問題はしばらくおき内的な問題に話を限れば，2030 年という年は，SDGs の目標年であると同時に，日本にとっては別の意味を持つ年でもある．すなわち，2030 年とは，日本において，65 歳以上の人口が 30% を超える超高齢化社会に突入すると予測されている年でもあるのである．

であるとすれば，これからの日本は，SDGs によって影響されている国際環境の中で，同時に「日本の直面する 2030 年問題」に対処することが求められているといえる．以下においては，そのような観点から見て，今後日本において発展していくであろう国際貢献について，内容と形式の両面から検討してみたい．

1.4.1　今後主流化する国際貢献のテーマ

a．中小企業の海外展開支援

日本の企業，中でも中小企業の海外展開というテーマは，日本の産業全体の維持発展，中でも特に地方の空洞化を防ぐ意味で避けて通れないテーマである．と同時に，日本企業の海外展開は，外国からの投資や技術移転を通じて経済発展を進めたい途上国の渇望するニーズでもあり，SDGsのゴール9にも合致する．

日本の中小企業の間にも，海外展開への意欲は高まっている．従来からの垂直型の企業連携の中での下請け体質から脱却し，自ら市場と向き合い，需要を創出し，ニッチ分野で高いシェアを獲得しようとする企業が増えているためである．これら中小企業の中には，世界の市場でもトップシェアを占めるような高い技術力を保有する企業も少なくない．中小企業は，イノベーションの種となり得る優れた技術の宝庫であり，そのリソースを活用する仕組みを構築すれば日本および海外双方にとっての便益はとてつもなく大きく，SDGsにも貢献できる．

このような意図により，JICAは，2013年から，中小企業の海外展開を支援する事業を始めている．具体的には，海外でのビジネス展開を考える日本の中小企業に対して資金，情報その他の便宜を図って事業としての成立を補助するものである．その際の選定基準は，そのビジネスの内容が途上国の貧困層に裨益し雇用の創出に貢献するなど，正の社会的外部性を有していることである．幸いに，この事業は，開始以来，好評を得，着実に展開されつつあり，今後も伸長していくであろう[8)]．

b．地方創生

次に，中小企業海外展開とも関係するが，広く地方創生一般に貢献するような事業——たとえば生産人口の減少など——に対応する事業が増えていくだろう．海外労働者の受け入れについては，政府は2025年頃までに，建設や農業などの5分野において，総計50万人の受け入れを見込んでいる．しかし周知のとおり，日本に来てからの労働・生活環境の整備が不十分であり，適切なマネジメントがなされていないという問題がある．しかもこのような事業は，国家・全国レベルで一律に行える話ではない一方で，ローカルに，個別の企業のレベルで民間のエージェントに依存するような方式に依存している限り，適切なシステムの構築は困難である．したがって，公的機関と民間セクターとが連携して，統合的に，しかしローカルに，進めていく必要がある．そこに，途上国にネットワークを持つ

ODAの実施機関が貢献できる余地が多々あるのではないかと思われる.

このような問題意識をもって,試行的に進められている事例として,熊本県とベトナムの間で行われている事例をJICAが支援している事業がある.提案者たる企業が,ベトナムの技能者の訓練に協力し,それによって同国の産業人材の育成に貢献すると同時に,育成した技能者の何割かを日本に(つまり自社に)に受け入れて,働いてもらおうという試みである.そこに自治体とJICAが関与しており,JICAの草の根技術協力事業において行われているものである.このような試行を経て,日本の地方創生と途上国の産業発展を同時に実現し,もってSDGsに貢献しようとするような営みは,今後,確実に増えていくであろう.

なお,今後,介護人材や,IT人材などについても,民間事業者を公的機関が支援する事業は同様に増えていくと考えられる.

c. 国際人材の育成

中小企業の海外展開を進めるにせよ,あるいは外国人人材を受け入れて地方創生を図るにせよ,媒介役となる人材の存在が必須である.そのような人材とは,外国語によるコミュニケーション能力を有し,海外事情に通じ,異文化適応にたけていることが望ましいであろう.外国人技能労働者を受け入れるといっても,地方ではアジア・アフリカ諸国の言語はおろか,英語をあやつれる人材でさえ不足しているのが実態である.海外と日本を媒介する役割を果たせる人材の必要性は今後,強まりこそすれ減じることはない.そのような人材を育成するODA事業も,今後重視されていくであろう.

このような人材を育成することを目的として始められた事業の例の一つが,ABEイニシアチブ・プログラムである(ABE: Africa Business Education).このプログラムは,アフリカの若者に対して,日本の大学の修士課程での履修機会を与えると同時に,日本の企業でのインターンシップの機会を与えるものである.それによって育成された人材が,日本・アフリカ間のビジネスの連携の発展に貢献し,アフリカにとっては経済発展と雇用創出に,日本の企業にとっては海外進出の機会の創出に,それぞれ貢献しようとするものである.2014年から始まったこの事業は幸いにして好評であり,インターンシップを受け入れた企業のアフリカ進出が現実に実現したという例が少なからず生まれている.また,このプログラムの成功に勇気づけられて,同様の趣旨の留学生プログラムが,東南アジアや中南米を対象として生まれており,今後,ますます伸びていくであろうと予想される[9]．

なお，海外との媒介をする人材は外国人とは限らない．外国語の運用能力を持ち，異文化での生活経験を有し，かつ日本の事情にも通じているという人材は日本人の中からも探すことができ，その最大の母集団は，毎年新規に約1,000人規模で途上国に派遣されている海外協力隊員の経験者である．実際，協力隊員が帰国後において日本国内で「地域おこし協力隊」の隊員として活躍している例なども増えつつある．かつては，協力隊員については，本邦帰国後の就職先がなかなか決まらず，問題視されてもいた．しかしいまでは様変わりしつつあり，帰国隊員は国内では引く手あまたの状態である．このような，海外と日本を媒介する人材を育成し，それを国内に還元するような活動が，今後，拡大していくだろう．

d.　国の安全保障の確保

少子高齢化といった国内問題から外に目を転じると，日本国の直面する最大の課題は安全保障である．これは軍事的な面に限らず，サイバー・セキュリティや国際感染症の脅威への対応，食料安全保障，テロ対策，海上安全保障といった多様な領域を含むものである．これまで，少なくともODAの世界では，伝統的に，軍事的な面での活動において協力を行うことはタブーであったし，いまでもその方針は維持されている．しかし，それ以外の，広義の安全保障に関する分野での国際協力はいまや大きく伸長している．今後も，グローバリゼーションが進み，一国だけでの安全保障の確保が難しくなっている以上，このような面での国際協力（国際貢献）への必要は，進みこそすれ，減じることはないと思われる．

1.4.2　今後主流化する国際貢献の「かたち」

明らかに今後，増えていくと思われるのは，ODAが支援する国際貢献の事業の選定において，日本の国内からの提案に応じるという方式である．ODAの実施機関であるJICAについてみると，これまでの基本のビジネス・モデルは，途上国からの事業ニーズを聞き取り，実施すべき事業（プロジェクトなど）を立案し，その事業を実施してくれる組織ないし個人を日本国内で探す，というものであった．しかし，これからは，逆の方向の事業形成が増えていくはずである．すなわち，日本の国内のアクターからの事業やプロジェクトの提案を受け取り，それを，途上国の政府であれ民間であれ，パートナーに提示して，その間を取りもつ，という方向の方式である．現在，このように，日本国内の主体から提案を募る方式によって行われているのは，JICA についていえば，民間企業連携事業，草の根技術協力事業，それに海外投融資事業程度であるが，今後，その他の事業においても国内からの提案を受け入れるという方式がますます主流化していくであろう．

これからの主流化を予感させる第二の動きは，相手国と日本のそれぞれのさまざまな，異種のアクターを結びつけるという作業，すなわち，異業種・異種組織間の交流を促進する動きである．今日，注目されている言葉を用いるなら，国際的なまたは国内におけるオープン・イノベーションを促進する動きである．オープン・イノベーションとは，技術を求める組織と，技術を持つ組織が出会い，新しい価値を創造するための手段であり，それは，いわば，参加者の双方が Win-Win の関係になることを目指すプロセスである．そのようなプロセスは SDGs 時代においていっそう価値を増すだろう．SDGs において解決の求められる開発課題のいずれもが，一筋縄ではいかないものであるし，SDGs 時代においては従来型の価値を超える新しい価値を創造することが求められているからである．

1.5　まとめに代えて―SDGs 時代の国際貢献の実現に向けて―

本章は，次の 3 点の主張を展開してきた．第一に，SDGs は，新しいパラダイムを提示すると同時に，事実上の強い規範を持っていくものと予想されること，第二に，SDGs の時代においては，ODA を主軸にしてきたこれまでの国際貢献のあり方が，国際的に，また日本国内においても，大いに変容するであろうこと，そして第三に，日本の置かれている固有の社会・経済事情にも影響されて，日本の国際貢献の内容および形式が急速に変化していくであろうこと――である．

そのように展望したうえで，本節では，新しい国際貢献のかたちを進めるうえでの課題について若干の意見を述べて本章のまとめとしたい．

強調したいのは大きくは次の 2 点である．

第一に，SDGs 時代の日本の国際貢献では，これまで以上に，「民間」，「地方」のニーズを聞き取り，海外のニーズとのマッチングを促進することが鍵となる．そのためには，それに適した国際貢献の実施体制の強化が必要である．しかし，これまでの国際貢献実施のシステムがそのような活動に適合しているとはいえない．これまでは，関与するアクターはどちらかといえば官中心であり，たとえ民間であっても東京に根拠を置くいわゆる開発コンサルタントや関連の企業であった．耳を傾けるべきニーズもまた途上国のそれに限られていた．したがって，たとえばJICAの体制も，東京の本部と在外事務所に多くの人員が配置されており，民間との対話，地方との対話への体制整備は不十分である．今後，日本と世界，特に日本の地方と世界をつなぐ，という方向に国際貢献の活動がシフトしていくのであれば，現在の体制は抜本的に見直す必要がある．

第二に，国際的なルール・規範作りに，日本はもっと貢献する必要があろう．ここでいうルール・規範とは，SDGsを実施するに必要なものに加え――いささか気が早いが――ポストSDGsの枠組み作りも含むものである．国際的なルール・規範は外から与えられるものであるとして，当然に受け入れるといったマインドセットからは卒業したいものである．しかし，国際的なルール・規範の制定における発言力は，SDGsへの取り組み姿勢とその成果によって裏打ちされる．もし，日本が，SDGs実現のための日本モデルといったものを打ち出すことができ，かつ，さまざまな評価指標で高いランキングを獲得することができれば，国際社会における存在意義は大いに高まるだろう．

注と引用文献

1）MDGsの開発上の貢献の総合的な評価については国連（2015）を参照．
2）ちなみに筆者の属するJICAでは，17のゴールを次の五つのカテゴリーに分けて，それぞれへの対処方針を作っている．詳細については国際協力機構（2016）を参照．
3）デロイトトーマツHPなど．
https://www2.deloitte.com/jp/ja/pages/about-doloitte/articles/dic/SDGSS-outline.html
4）代表的なランキング・評価レポートは，「国連持続可能な開発ソリューション・ネットワーク（SDSN）」および独ベルテルスマン財団が作成している「SDGsインデックス＆ダッシュボード　レポート」である．
5）一般市民レベルにおけるSDGsの認知度については，電通が，2018年に調査結果を発表している．それによると，SDGsの認知度は14.8%であるとされている．詳細については，電通（2018）参照．
6）ESGは，環境（Environment），社会（Society），企業統治（Governance）を指す．
7）外務省（2015）．なお開発協力大綱の制定以前に，ODAが「国家安全保障戦略」の中のツールとして位置付けられるなどの重要な政策変更もなされている．
8）企業活動を支援するためにODAを使うことについては，市場を歪曲する可能性が高いという観点から，これまでのODAの世界では極めて慎重に取り扱われてきた．そのような議論にはそれなりの妥当性があった．しかし時代が変わったいま，SDGsの実現への貢献など，正の外部性を持つような経済活動を支援するために海外展開を支援するために公金を使うべきであるという議論が，今後，改めて強まっていくものと予想される．そのためのルール作りは今後の課題である．

9) このような形での途上国人材を対象とした留学生プログラムの拡充は，日本の大学の国際化にも貢献するであろうと期待される．

・外務省（2015）：開発協力大綱．
・国連（2015）：ミレニアム開発目標（MDGs）報告 2015.
・国際協力機構（2016）：SDGs 達成への貢献に向けて：JICA の取り組み．
・電通（2018）：SDGs に関する生活者調査．
http://www.dentsu.co.jp/news/release/pdf-cms/2018043-0404.pdf

2. アフリカにおける国際貢献とSDGs

アフリカは，持続的かつ包摂的な成長の実現に向け，アジアなど，その他の地域と比較しても大きな課題に直面している．それは，先のMDGs（Millennium Development Goals）の達成度[1]や2015年9月に国連サミットで採択されたSDGs（Sustainable Development Goals）に関する進捗度[2, 3]にも示されている．例えば，アフリカの貧困率（2015年）は他の地域に比較して突出しており，世界平均の4倍，人口にして4.1億人で，世界の貧困層人口の56％を占める．そのため，アフリカにおけるSDGs達成が，世界における同目標達成の鍵を握っているといえる．

同時に，アフリカには膨大な潜在性がある．このため，アフリカの根本的な開発課題は，この地域の成長のボトルネックを取り除き，その膨大な潜在性を解き放つことである．これがSDGsの達成につながることにもなる．その実現には，アフリカ内外の官民の多様な努力・関与を要する．また，開発に資する多額の追加的資金の確保が不可欠である．本章では，アフリカにおける持続的かつ包摂的な成長やSDGs達成に向けた諸課題，アフリカの潜在性と課題克服に向けた対応，そのアプローチの一例として，アフリカ開発銀行の取り組みを述べたい．
※本章は，筆者個人の見解を述べたものであり，アフリカ開発銀行の公式の見解を述べたものではない．

2.1 アフリカの状況

2.1.1 アフリカの経済状況

アフリカの経済状況を概観すると，一次産品価格の上昇やアフリカ諸国におけるマクロ経済運営などの改善もあり，2001年から2014年にわたり，その経済成長率は，世界平均を上回っている．地域としてみると，アジアに次ぐ高いものとなっている．近年の一次産品価格の下落や中国経済の減速の影響もあり，2016年には2.1%へと低下し，その前後も含め一時的に世界平均を下回っている（ただし，一次産品輸出への依存度の低さ，産業の多角化の進展や産業内での生産性向上などにより，2016年でも5%以上の高い経済成長を維持し続けた国（例えば，エチオピア，コートジボワール，ケニア，ルワンダなど）も少なくない）．

その後，一次産品価格の回復などもあり，2019年，2020年には，世界平均やアフリカ以外の新興国と開発途上国の平均を超える各々4%，4.1%の成長が見込まれている[4]．今後の一次産品価格の動向や世界経済状況，またアフリカにおける経済社会の変革にもよるものの，中長期的にみて，世界平均を上回る経済成長が期待されている．

2.1.2 アフリカの産業構造と産業別雇用の状況

アフリカ全体でみた産業構造（2000〜2016年）の推移については，多少の変動はあるものの，大きな構造変化はみられない．依然としてGDPのうち（採掘産業を除く），第一次産業のウェイトが高い（2016年で約19%）．第二次産業も20%近傍で推移しているものの微減傾向にある．第三次産業は，第二次産業の微減を取り込み，約2%微増している．

また，2008〜2016年の産業別の従事者数・雇用数の比率の推移でみても，アジア，ラテンアメリカなどと比較して，より生産性の高い産業への移動が小さい．第一次産業従事者は微減傾向で50%程度，第二次産業が横ばいで12〜13%程度，第三次産業は微増となっている[5]．

なお，産業構造の変化は国により異なり，より生産性の高い産業への労働の移動に伴って高い経済成長率を実現している国（例えば，ガーナ，セネガル，タンザニアなど）もあるので留意が必要である．

2.1.3 アフリカの貿易構造と域内依存度

アフリカ経済は一次産品に著しく依存しており，輸出の60%以上が一次産品で占められている．一方，輸入の50%以上が工業製品となっている．言い換えれば，付加価値の低い産品を輸出し，付加価値の高い産品を輸入する構造となっている．

また，域内貿易の比率は，NAFTA地域（54%），EU（70%），アジア（60%）

に比して，15%といった低い水準となっており，他の地域に比して経済，市場の連結性が低いといえる．

2.1.4 アフリカの人口動態

アフリカの人口は約12億人（2016年）であり，2050年には，現在の中国とインドの総人口に匹敵する約25億人になることが見込まれている[6)]．15歳から35歳の若年層の人口は35%にあたる4.2億人となっており，2050年には，倍増の8.3億人になることが見込まれている．このため，アフリカは若い大陸であるといえる．

また，都市化が進展し，人口100万人を超える大都市は増加し，既に50を超えている．2030年までに，都市人口は全人口の58%まで増加することが見込まれている．

2.2 アフリカの開発課題と潜在性

アフリカにおける開発課題は広範かつ，多くが相互に連関しており，一体的に克服していく必要がある．それらの課題の解決にあたって，また解決後に膨大なビジネス機会がある．以下に主要なアフリカの開発課題と潜在性を述べたい．

2.2.1 アフリカの広大さと資源

アフリカは広大な大陸からなり，その面積は約3,000万 km^2 で，日本の80倍，アメリカや中国の3倍である．米，中，豪，印の4か国の総面積よりも大きい．そのため，現在12億の人口を抱えているにもかかわらず，アジアの主要国と比較すると人口密度は高くないといえる．例えば，アフリカの人口密度は，日本の約1/8，中国の1/3である．このような広大なアフリカ大陸で，電力網，道路，鉄道などの交通網，水資源管理施設，その他必要なインフラ整備は不十分である．また，経済・市場の連結性が低く，ビジネスにとっては規模の経済を享受しにくい．したがって，経済の競争力，連結性，人々の生活の質を高めるインフラ整備は大きな課題である．また，アフリカは，世界における温室効果ガス排出のシェアは小さいものの，気候変動による影響，被害を不相応に受けやすいため，これへの適応も必要である．

ただし，これは同時にアフリカには大きなインフラ需要が存在するということでもあり，大きなビジネス機会があることを意味する．

また，アフリカは，多くの天然鉱物資源（ダイヤモンド，金，銅，コバルト，石油，石炭，天然ガス），再生エネルギー（水力，太陽光，風力，地熱）に恵まれている．世界の未耕作である耕作可能地の65%もアフリカに存在する．この意味で，世界における食糧の大生産基地となる潜在性を秘めている．

2.2.2 アフリカの人的資源

アフリカでは，現在でも教育･保健衛生などの基礎サービスへのアクセス面で，他の地域に比較して後れをとっているが，2050年までに人口が倍増することは，この課題の克服を更に困難なものにしかねない．

今後，毎年1000~1200万人の若者が新たに労働市場に参加することが見込まれている．しかし，フォーマル部門での雇用創出は，年間300万人と推計されている．したがって，この状況が続けば，毎年多くの若者が，より不安定で所得の低いインフォーマル部門での雇用，若しくは失業へと追いやられることとなる．

一方，人口の増加に加え，中間所得層の拡大（2010年の1億5,000万人から2040年には4億9,000万人に増大），一人あたりのGDPの拡大も見込まれており，2030年には，消費は2.5兆米ドルに達すると見込まれている．

加えて，サブサハラの人口ボーナスは，今世紀にわたり続くと予測されており，そのメリットを生かすことができれば，経済の活力が長きにわたり維持される．アフリカ大陸が消費市場だけでなく，生産を含めた経済拠点としても大きな潜在性を有しているのである．

2.2.3 アフリカのエネルギー・電力へのアクセス

電力･エネルギーへのアクセス改善は，経済，人々の生活全般に不可欠である．例えば，電力・エネルギーなくして，工業化，農業関連施設の稼働，交通インフラ整備・稼働，経済の付加価値の向上，併せて雇用創出も通じた所得の向上，教育・保健衛生の改善は不可能である．しかしながら，アフリカでは，6億4,500万人以上の人々に電力へのアクセスがない．エネルギーセクターのボトルネックと電力不足により，アフリカのGDPの2～4%が失われていると推計されている．また，調理用の燃料に伴う室内空気汚染により，毎年60万人以上の人々（主として女性や子供たち）が命を落としている．

一方，アフリカには，莫大な太陽光，水力，風力，地熱といった未だ十分利用されていない再生エネルギー資源を有しており，潜在性も大きい．

2.2.4 アフリカの農業・食糧

アフリカでは農村人口が全人口の60％程度を占め，かつ，農村と貧困は密接に関連し，その主たる従事者が女性であることを考えると，農業セクターの改革はアフリカの開発にとって極めて重要である．

農村の所得向上のためには，他の地域と比較しても低い生産性の向上や農地開墾による農産物増産が必要である．また，アグリビジネスを促進させ，付加価値の向上を図ることも必要である．例えば，世界のカカオ豆の約60％は，コートジボワールと隣国ガーナで生産されているが，加工度が低い一次産品で輸出され，最終製品であるチョコレート価格の数％の付加価値しか生産国に残されていない．アフリカはバリュー・チェーンのより上流に位置するように変革を遂げなくてはならない．

また，アフリカは，純食糧輸入地域である．2016年には350億ドルの純輸入をしており，2025年には，それが1,100億ドルまで拡大することが見込まれる．今後のアフリカにおける大幅な人口増に鑑みれば，食糧の大増産が必要である．アフリカでは，適切な灌漑，肥料，農業技術指導などにより，生産性を飛躍的に向上させることが可能であるし，未耕作の耕作可能面積も大きく，農業セクターの潜在性は大きい．

2.2.5 アフリカの工業化

2000年以降のアフリカの産業構造をみると，第二次産業のウェイトが微減傾向にあり，工業化を飛び越して，農業からサービス業への緩やかな産業構造変化がみられる．しかしながら，工業化には，経済における生産性の向上，所得や雇用の増大に大きなメリットがある．また，工業化を通じて，一次産品の輸出に大きく依存する貿易構造を変えなければ，一次産品価格の変動による影響を受けやすいアフリカの経済体質の改善は図れない．

この観点から，効果的な工業政策の促進，投資環境整備による内外からの投資促進，資金調達のための金融資本市場の整備，必要な人材育成（教育，職業訓練，企業家精神に富む経営者・創業者育成），産業クラスターの開発などを図っていく必要がある．

なお，アフリカの労働者の賃金水準は，アジアの途上国と比較して必ずしも安くない．それは，アフリカにおける食糧価格の高さにも起因するといわれている．この面でも，アフリカにおける農業生産性向上，食糧増産を図り，食糧価格を低下させることも必要である．

2.2.6　アフリカの市場の統合・連結性の向上

アフリカ経済の国際競争力を高め，また，アフリカの成長を加速させるには，制度的，物理的（道路，鉄道，港湾，空港などの交通インフラ）連結性を高め，経済，市場の統合を進める必要がある．アフリカにおいては，既にSADC（南部アフリカ地域），EAC（東アフリカ地域），ECOWAS（西アフリカ地域）などの地域の経済共同体が創設され，統合に向けた動きがある．これに加え，アフリカ連合（African Union: AU）がアフリカ大陸自由貿易協定（AfCFTA: African Continental Free Trade Agreement）が2019年5月に発効している．アフリカ全ての国が参加すれば，域内12億人，域内総生産2兆6,000億米ドルの世界最大の自由貿易地域となりえる．また，人の移動の自由化を図るべく，AU全加盟国内でビザなしで往来できる共通電子パスポート構想も進めようとしている．市場の統合が進めば，アフリカに巨大な市場が誕生することになり，アフリカにおける経済活動のコストが下がり，国際的な競争力が向上するとともに，域内の経済交流も活発となり，膨大なビジネス機会が創出されることとなる．

2.2.7　アフリカの人々の生活の質の向上

アフリカの人々の生活の質を高めることも，SDGsの達成に不可欠である．保健衛生，教育，雇用面で，アフリカは他の地域と比較して課題が大きいことは，SDGsに関する進捗度に鑑みれば明らかである．例えば，アフリカの乳幼児死亡率は，1,000人あたり78.8人であり世界平均の2倍高い．また，低栄養の問題も存在する．アフリカにおける発育阻害児は，5,800万人であり，発育阻害による経済損失は毎年250億ドルと推計されている．今後の人口増に伴い，食糧増産も通じた栄養改善が図られなければ，この問題は更に深刻化する．上下水インフラの整備も含め，保健衛生面での改善も喫緊の課題である．

また，教育などの質やアクセスの改善により，先述の工業化，所得，雇用増を可能とする労働力の創出も不可欠である．

なお，開発課題を克服する上で，ジェンダーのバランス，女性のエンパワメントの実現を各分野で確保する必要がある．

2.3 アフリカの開発に必要な資金の確保

アフリカで持続的かつ包摂的な開発を進めるためには多額の開発資金が必要となる．例えば，アフリカにおける必要なインフラの需要総額は，年間1,300～1,700億ドルであり，開発資金ギャップ（アフリカ内外の公的資金，民間資金で手当てされる総額を需要総額から差し引いたもの）は，年間680～1,080億ドルと推計されている．この大きなギャップを埋めるため，アフリカ諸国が財政基盤を強化して，国内の資金をより動員することは不可欠である．また，アフリカからの多額の違法な資金の流出を把握し，これを財政基盤強化につなげる努力も引き続き必要である．ただし，海外からのODAを加えても，公的資金のみで大きな資金ギャップを埋めることは見込めない．したがって，民間資金・投資が持続的に動員される必要がある．その観点から，マクロ経済運営改善や投資環境整備を通じて，内外からの民間投資の促進を図ることが重要であるし，アフリカ域内で資金が循環し，資金調達が促進されるように，金融資本市場の整備を図ることも課題となる．

2.4 アフリカ開発銀行の役割と取り組み

アフリカの開発課題への対応について，同地域の主要プレーヤーであるアフリカ開発銀行の取り組みを一例として説明したい．

2.4.1 アフリカ開発銀行

アフリカ開発銀行は，アフリカ開発銀行グループの中核をなし，アフリカの持続的成長や社会進歩の支援に特化した独立の国際開発金融機関である．世界80か国（域内国であるアフリカ54か国と域外国である欧米，アジアなどの26か国）が株主となっている．日本は，5.5%の出資比率（2019年）を有し，80か国のうち，第4位，また，域外国としてはアメリカに続く第2位の大株主である．本部は，西アフリカのコートジボワールのアビジャンにある．同銀行の特徴は，地域開発金融機関として，全世界的な国際機関よりアフリカ諸国に太い人脈と知見を有し，アフリカ諸国のニーズを把握しつつ，支援を行っていることである．

アフリカ開発銀行グループは，ソブリン事業（融資），ノンソブリン（民間セクター）事業（出融資や部分保証），政策アドバイス，技術支援を提供している．事業面の特徴としては，質の高いインフラ整備に力を入れていることである．

2.4.2 アフリカ開発銀行の開発ビジョンと戦略

アフリカ開発銀行は，アフリカの幅広い開発課題に対して，明確なビジョンと戦略を有している．以下にこれらを紹介する．

a. 開発ビジョンと長期戦略（2013〜2022）の概要

開発ビジョンとしては，アフリカに変革をもたらす中心にアフリカ開発銀行を位置づけ，包摂的な成長とグリーン成長への段階的な移行を促進することである．このビジョンを実現するための長期戦略は包括的なものとなっている．

b. High 5s 戦略の概要

2015年，アフリカ開発銀行の総裁となったアキンウミ・アデシナ総裁の下，SDGsやCOP21の成果であるパリ協定も踏まえつつ，2025年までに同行が重点的に取り組むべき優先分野を特定した戦略が策定された．これが，5つの優先課題戦略というべき，アフリカ開発銀行の「High 5s Strategy」（ハイ5s戦略）である．その5つの優先課題は，(1) Power and Light up Africa（電力・エネルギーへのアクセス改善），(2) Feed Africa（食糧増産・農業ビジネスの促進（農産品の加工度・付加価値の向上）），(3) Industrialize Africa（工業化），(4) Integrate Africa（経済・市場の統合・連結性の向上），(5) Improve the Quality of Life of African People（アフリカの人々の生活の質の向上：保健衛生，教育，職業訓練，雇用，ジェンダーなど）である．これらを一体的に推進していくこととしている（図2.1）．

UNDPの分析によると，このHigh 5s戦略の推進により，アフリカにおけるSDGsや，AUが掲げる政治経済社会ビジョンであるアジェンダ2063の各々約90%が達成されるとしている（図2.2）．

なお，このHigh 5s戦略は，アフリカ開発銀行グループの資金と努力のみなら

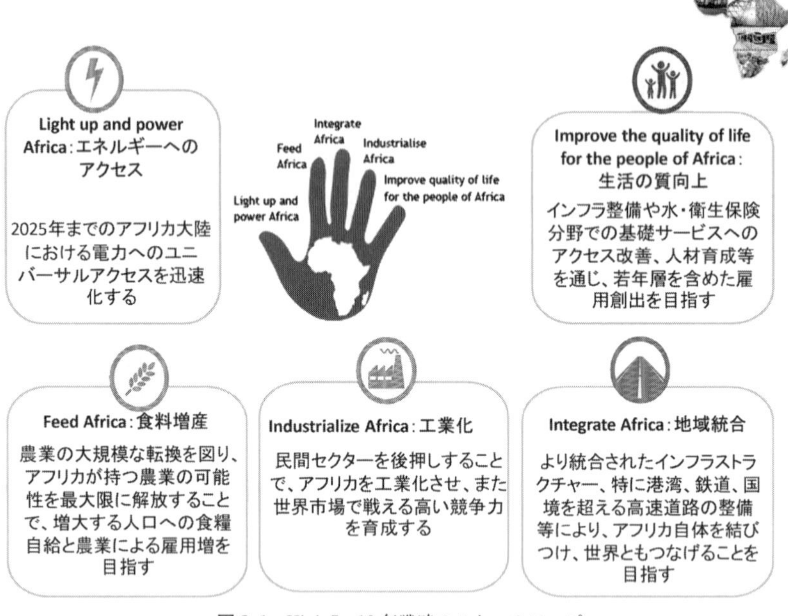

図 2.1　High 5s-10 年戦略のスケールアップ

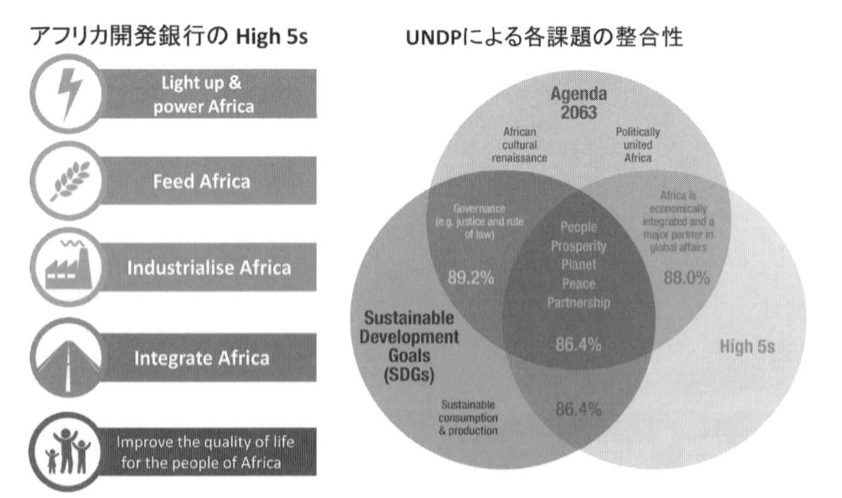

図 2.2　アフリカ開発銀行の High 5s 戦略と SDGs，Agenda 2063 の整合性

ず，様々なパートナーとの協力によって実施されるものである．したがって，その実施にあたり，パートナーシップと民間セクターが重視されている．

c．民間セクターの支援

アフリカ開発銀行は，アフリカに関する民間ビジネス，投資の促進のため，いろいろな役割を果たしている．

第一に，成長のボトルネックを取り除くべく，質の高いインフラを整備し，またナレッジバンクとしてアフリカ諸国に政策アドバイスを行い，ビジネス・投資環境を整備することである．また，アフリカ域内で資金が循環するためには，金融資本市場の育成も不可欠であり，アフリカ金融市場構想（African Financial Markets Initiative）に基づき，アフリカの金融資本市場整備を支援している．

第二に，ビジネス・投資につながるような情報を民間に提供することである．

第三に，民間事業や企業，ファンドに出融資を行うことにより，民間セクターを支援することである．アフリカ開発銀行が自らのスキームを活用して民間企業やプロジェクトに関与することにより，その企業，事業への信認が高まることが期待できる．また，アフリカ政府と多層的な強いチャンネルを有するアフリカ開発銀行がリスクを分担することで，より安心して事業を行えることとなる．

また，最近の新しい動きとして次に述べるアフリカ投資フォーラムがある．

2.4.3　インフラ整備の加速に向けた新しい動き

アフリカにおけるインフラ整備の加速に向けた新しい動きとして，アフリカ開発銀行が主導して2018年にアフリカ投資フォーラム（AIF: Africa Investment Forum）が立ち上がった．これは，同行がインフラプロジェクトの開発・組成に関する市場をアフリカ大陸で初めて創設し，その運営者としての新しい機能を担うことになったものである．良い投資先を求める全世界の機関投資家の資金量は，100兆ドル以上といわれており，アフリカのインフラ資金ギャップは，この0.1%程度でしかない．アフリカにも大きな資金源はあるものの，域内で投資・運用先に乏しいこともあり，域外に流出して十分に戻ってこないことがアフリカにおける資金ギャップの大きな原因となっている．AIFは，世界銀行などの国際開発金融機関，官民の金融機関，政府系投資ファンド，年金基金，民間投資家などの参加を求め，このような流れを変え，アフリカのインフラプロジェクトへ世界の資金を向かわせるイニシアティブである．

第一回AIF会合は，2018年11月に南アフリカのヨハネスブルクで開催され，53か国から約300の機関投資家の参加を得て，3日間で49件，合計390億ドルに及ぶプロジェクトについて，資金提供の関心を確保することに成功した．

このAIFは単発の取り組みでなく，アフリカ開発銀行内のAIF担当事務局が今後とも市場の運営を行っていくこととなっている．

2.5 アフリカの債務持続性

引き続き高い財政需要がある中で，近年の一次産品価格下落による財政収入減などにより，アフリカ諸国の債務水準は上昇してきている．政府の債務残高の対GDP比は，アフリカ全体で2008年の約30%から，2017年には53%まで増加している．また，対外債務の対GDP比も，2012年の22.3%から2017年には32.7%まで増加している[8]．このような中で，特にサブサハラ地域における債務持続可能性に対する懸念が国際的に指摘されている[9]．

例えば，対外債務の対GDP比について，債務危機または債務調整のリスクを判断する際の一つのメルクマールとされている40%以上のサブサハラ地域の国は，2012年の15か国から2017年には24か国に増えている．ただし，債務状況については国ごとに大きなばらつきがあるため，債務持続性について地域全般で語ることには注意が必要であり，個別の国の状況を注意深くみていく必要がある．また，債務の水準を議論する際は，調達された資金の使途（例えば，将来の生産性向上につながるようなインフラ投資に使われているか）や，支出の効率性との視点も重要である．

なお，近年の傾向として，債務の中身がODAや譲許的資金から，商業的ローンや資本市場からの調達，また，欧米などの伝統的な貸し手から，中国などの新興の貸し手へのシフトが起きている．この中で，譲許的でない資金からの調達の結果，債務持続可能性が低下して，特に低所得国に必要な譲許的資金へのアクセスに制約が起きてしまうといった指摘もある．

債務持続性は，持続的な成長を可能たらしめる持続的資金の流入に不可欠である．したがって，その維持・改善のため，アフリカ諸国は，税収増などによる財政基盤の強化，財政支出や債務管理の改善，PPP活用などによる過剰債務のリスクの軽減，債務満期の長期化，債務管理の透明性の向上など，を図っていく必要があろう.

2.6　アフリカの開発課題の重要性

アフリカの持続的かつ包摂的な成長実現の重要性については，達成できない場合に世界に与える影響を考えると理解しやすいと考えられる.

第一に，人道的見地からの問題がある．貧困，飢餓，低栄養の問題が深刻化しかねない．飢餓はいうまでもなく深刻な問題であるが，低栄養の問題も，本人や家族などには当然のことであるが，経済にも与える影響は大きい．また，より良い生活環境を求め，多くのアフリカ人が生命の危険を冒して欧州を目指し，地中海で命を絶っていることは心痛ましいが，これが人口増に伴い深刻化しえる.

第二に，アフリカ内外の食糧安全保障の問題がある．アフリカの成長に食糧増産が十分に伴わなければ，飢餓，低栄養の問題がより深刻化するだけでなく，域外からの純輸入額も爆発的に増えることとなる．これが食糧の国際価格の上昇圧力となり，特に世界の貧困層に打撃となるだけでなく，日本をはじめとする食糧純輸入国は，今後食糧争奪戦を繰り広げることにつながりかねない.

第三に，テロなどの暴力のリスクの問題がある．アフリカでは，毎年多くの若年者が労働市場に参入するが，雇用創出が十分でなければ，急速な失業者の増大を招く．暴力グループやテロに参加する若年層の40%は仕事がないことが参加の理由である，との分析もある．人の移動・交流が活発化するグローバル経済社会において，テロなどの地球規模の問題を深刻化させることになりかねない.

第四に，保健衛生の問題がある．近年，エボラウィルスが，保健衛生システムの弱いシエラレオネ，リベリア，ギニアを中心に拡散したが，システムが相対的にしっかりとした隣国のコートジボワールには伝播しなかったといわれている．アフリカにおいて，適切な保健衛生システムが整備されなければ，人類は，エボラウィルス，未知のウィルス・細菌との厳しい戦いを強いられることになりかねない.

第五に，地球規模環境問題がある．アフリカのCO_2排出量は，全世界の4%に満たないとされているが，経済成長と電力・エネルギー消費量には明確な正の相関関係があり，大幅な経済成長を達成しようとすれば，必然的に大幅な電力・エネルギー消費増も生じる．もし，再生エネルギーに頼ることなく必要な電力を生み出すこととなれば，必然的に排出するCO_2も大幅に増大することとなる.

2.7 アフリカをみる際の重要な視点

アフリカには，日本が承認している国でも54か国あり，政治経済社会，民族，言語，宗教，歴史，文化，気候も多様性に富んでいる．そのため，先に述べたマクロ経済状況にしても，アフリカ全体と，アフリカの各国の状況は大きく異なる．世界銀行グループが毎年公表しているDoing Business（ビジネスのしやすさ）のランキングでも，個別の国をみると，日本企業にとって身近と感じるアジア諸国に比して，アフリカ諸国が一概に順位が低いわけではない．アフリカ全体だけでなく，地域別（東アフリカなど），国別，場合によっては国の中での地域別で見る視点が重要である．

また，ビジネス投資を考える場合，特定の国，市場のみをみるとビジネス投資機会も限られるが，それをより広い地域，経済圏として捉えることにより，ビジネス投資機会も増えよう．特に，今後，経済，市場の統合が進むことにより，この視点は益々重要なものとなる．

2.8 アジアの経験と新しい技術の活用

アフリカの開発において，日本，中国，韓国，インドなどのアジアでの開発の経験を成功例としてアフリカで活用するとの視点は重要である．ただし，自らの成功体験モデルの活用にこだわらず，アフリカの開発課題の本質，ニーズをよく見極め，その課題について，コスト面も含めて入手可能なテクノロジー（場合によっては最先端の）を活用しつつ，解決策を提供するとのアプローチが必要である．開発において，先発後発の損得が論じられることがあるが，アフリカの開発における追い風は，過去には利用できなかった新しいテクノロジーを課題解決に活用できることである．例えば，アフリカにおける先進国とは異なる規制環境，制度，レガシーの下で，ICT，デジタル技術などは，教育，保健衛生といった基礎的なサービスへのアクセスや，金融アクセスについて，先進国とは異なる革新的な方法で解決し，また，いわゆる第4次産業革命をアフリカで実現する可能性を秘めている．ドローン，航空，衛星関連の技術は，人口密度の低い，広大な大陸での開発課題の克服に大きく役立とう.

2.9 終　わ　り　に

アフリカにおいてSDGsを達成し,持続的かつ包摂的な成長をもたらすことは,同地域の重要性に鑑み,地球規模の課題である.アフリカ諸国,人々が変革を通じてその実現に向けた努力の中心にあることは当然であるが,アフリカ内外の様々な主体が役割分担,協力し合いながら,この課題をともに克服していく必要がある.

この中で,基礎的な財・サービスの提供,法制度整備を行う公的セクターの役割は引き続き重要であるが,更なる民間セクターによる関与も不可欠である.民間ビジネスや資金の動員を促進・円滑化するため,ビジネス投資環境整備,様々なリスクの軽減を含め,公的セクターの役割は一層重要となろう.開発金融機関を含めた国際機関にも,必要な開発資金,知識・経験・技術,情報の提供面で一層の貢献が求められる.

また,本章で一例として挙げたアフリカ開発銀行によるものも含め,アフリカの開発課題を克服するため,今後ともいろいろなイニシアティブが実施されよう.その中で,アフリカ開発銀行による「High 5s」的な戦略的アプローチ,AIFをはじめとする資金ギャップを埋めるための革新的なアプローチは引き続き重要である.

アフリカは,50を超える国を有する多様な地域である.その中で,自らの課題を解決すべく入手・利用可能な知識,技術を活用しつつ,アフリカの変革を加速させる更なる革新的なアプローチ,事例の出現を期待したい.

参　考　文　献

1) United Nations (2015): The Millennium Development Goals Report 2015.
2) Economic and Social Council, United Nations (2018): Progress towards the Sustainable Development Goals, Report of Secretary General, Supplementary Information.
3) Bertelsmann Stiftung and Sustainable Development Solutions Network (2018): SDG Index and Dashboards Report 2018, Global Responsibilities.
4) African Development Bank Group (2019): African Economic Outlook 2019.

5) African Development Bank Group (2018): African Economic Outlook 2018.
6) United Nations Department of Economic and Social Affairs/Population Division (2015) : *World Population Prospects: The 2015 Revision, Key Findings and Advance Tables.*
7) African Development Bank Group: High 5s web site. https://www.afdb.org/en/the-high-5/
8) African Development Bank (2018): African Statistical Yearbook 2018.
9) IMF (2018): Regional Economic Outlook: Sub-Saharan Africa, Capital Flows and the Future of Work.

3. ラテンアメリカにおける国際貢献とSDGs

ラテンアメリカ地域は，地理的には日本から最も遠く親しみの薄い地域ではあるが，日本人移住の歴史，食料・鉱物資源の供給といった観点で伝統的に日本とは強い結びつきを持つ親日国が多く含まれる地域である．加えて，国際場裏での重要なパートナー国が多い地域でもある．多民族の融和を実現しているブラジル，自動車産業を中心とした1,000社を超える本邦企業が進出し，各社の世界戦略の一翼を担う拠点となっているメキシコ，小国ながらも環境問題で世界をリードするコスタリカなど，日本や世界が学ぶべき国々が多い．

他地域と比較し，中高所得水準のラテンアメリカ地域に対する開発協力はSDGs達成への貢献に向け，これまでの協力の成果としてのアセットを活用しつつ，分野をフォーカスし，日本との友好的な結びつきをさらに推進し，ひいては国際場裏での協力に結びつくような関係を目指していきたい．

本章では，3.1節で日本から見たラテンアメリカを概観し，3.2節では主として日本の政府開発援助機関である独立行政法人　国際協力機構（以下，JICA）が行ってきた有償資金協力，技術協力，青年海外協力隊の各活動を紹介しつつどのような貢献がなされてきたのかに触れたい．特に3.2.3項では，国際貢献の時間軸を長めに取り，JICA事業を超えた日本人移民が果たした役割にも触れることとする．

3.1　ラテンアメリカ概況

3.1.1　人口・市場規模

ラテンアメリカ地域は，33か国，人口6.24億人（世界の8.4%），GDP5兆4,547億ドル[1]（世界の6.8%）の規模であり，ASEAN10[2]の人口6.47億人（世界の8.7%）では，ほぼ同数であるものの，GDP2兆7,741億ドル（世界の3.5%）の2倍近い経済規模である．特に市場規模については，ASEAN10 では 1 兆ドル超えがインドネシア（1 兆 152 億ドル）1 か国に対し，ラテンアメリカではブラジル（2 兆 532 億ドル），メキシコ（1 兆 1,582 億ドル）2 か国を擁していることが大きい．

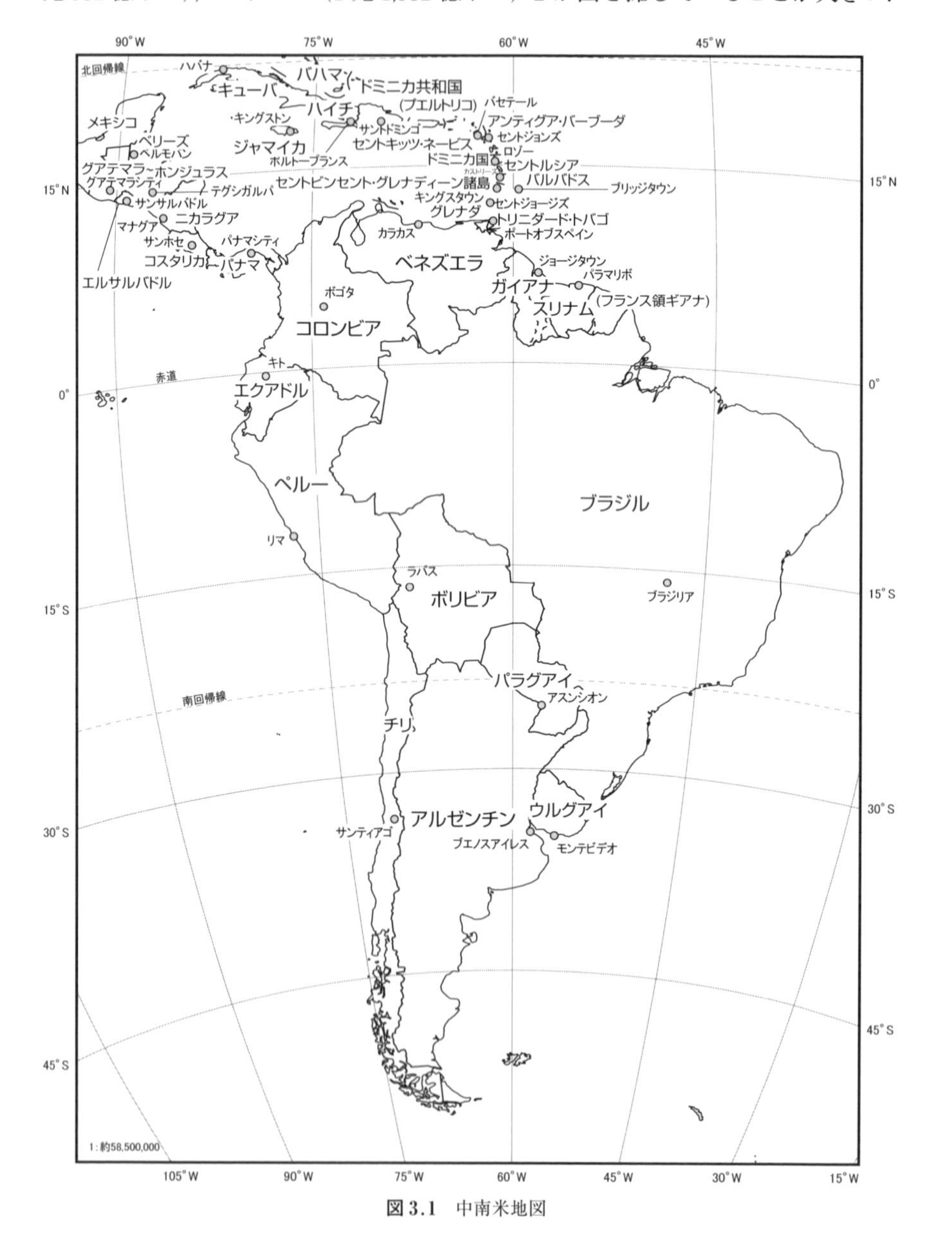

図 3.1　中南米地図

また，アマゾン地域を始めとする豊かな自然を持ち，世界の森林の22%を有している．鉱物資源では世界の銅の45%，銀の60%，リチウムの50%，食料資源では，大豆の50%，サトウキビの55%，オレンジの36%をそれぞれ産出する資源大国である．日本は，銅の6割，鉄鉱石の3割，銀の9割，リチウムの9割，大豆の2割，鶏肉の9割をこの地域に頼っている．

3.1.2 所得レベル

メキシコ，ブラジル，チリなど，所得の高い国があり，地域全体としても平均的に所得レベルは高い．域内ODA対象国の約2/3が高中進国あるいは中進国である．ハイチのみが域内唯一のLDC（Less Developed Countries，後発開発途上国）と分類されている．

3.1.3 政治的安定

1980年代まで政治的に不安定であったが，現在はほぼすべての国で民主的な選挙が行われている．例外的に，ベネズエラのみが大統領，暫定大統領の2人が存在し国際社会を巻き込んだ混乱が続いている．ベネズエラ，エクアドル，ニカラグア，ボリビアなどでは，資源価格の高騰を背景にした反米政権が誕生したが，最近では資源価格の下落により以前ほどの勢いはない．

3.1.4 治　安

キリスト教が圧倒的に支配的であり，イスラム過激派などの活動はこれまでのところ限定的である．麻薬組織や極左思想のゲリラ（FARC，コロンビア革命軍）により長く紛争が続いていたコロンビアにおいても和平が実現しつつあり，他地域と比較しても安定的であると言える．

しかしながら，麻薬問題，貧困問題と絡み合い中米（グアテマラ，ホンジュラス，エルサルバドル）など各都市では一般治安が極度に悪い都市が今なお存在している．

3.1.5 日 系 人

ラテンアメリカ地域には推定総計213万人（2016年）とも言われる日系社会が存在し，100年を超えるその日本人移民の歴史から，「日本人，日系人は信頼できる」という社会からの信用を築いてきた．ペルーではフジモリ大統領を生み，ブラジルなどでも大臣級は言うに及ばず，多くの日系市長も多数誕生している．また，1980年代後半以降，日本の人手不足により，日系人によるデカセギも2007，2008年では30万人を超えていた．2008年秋リーマンショック以降，その数は大幅に落ち込んだものの，現在は約21万人程度と徐々に増加の傾向にある．

3.1.6 中国の影響

中国はブラジルを始め多くの国で最大の貿易国となっている．米国と並ぶラテンアメリカ地域の大貿易国に他ならない．2000年代には中国の成長に伴い，ラテンアメリカ地域も成長したものの，中国経済が鈍ると資源価格の下落に伴い，成長率も低下した．最近では，米国の投資の減退に代わるように中国からの投資は増加している．2017年，コスタリカ，パナマ，2018年ドミニカ共和国との国交を樹立しており，影響力が高まってきている．

3.2 協力の実例

政府開発援助の支出純額ベースでは2000年までは世界一を誇ってきたものの，2001年以降，その金額を落とし，近年では米国のみならず，ドイツ，英国にも後塵を拝する形になっている．中でもラテンアメリカへの協力は他地域への協力と比べてもその地域割合は減少しているのが現状である．そうした厳しい状況の中で，当該地域への協力は，過去のアセット（既存協力に関わる人的ネットワークや物的資産）を活用し，確実な成果を残してきている．

各スキームの特性を生かしながら，協力の実態を以下に紹介したい．

3.2.1 再生可能エネルギー，省エネルギーを促進

2009年，JICAはIDB（Inter-American Development Bank）とラテンアメリカ地域の持続的な経済成長，環境改善に向けた連携協力を推進するための業務協力協定を締結した．IDBは，中長期貸付，出資，保証，無償資金協力および技術協力を通じて中南米・カリブ地域への開発協力を行っている地域開発銀行であり，これ以前にも人員の相互交流を始め，協調融資や技術協力分野で長く連携しており，その実績からの協定締結であった．

2011年，この業務協力協定をさらに深化させ，ラテンアメリカ地域における気候変動対策に向けた覚書を締結した．具体的な取り組みとして，(1) IDBおよびJICAによる中米・カリブ地域向けの協調融資枠組みの創設，(2) IDBに設立されるエネルギー・イノベーション・センターを通じた技術協力などを推進するための連携枠組みを定めるものが想定された．

ラテンアメリカ地域全体における温室効果ガスの排出量は全世界の12%だが，全世界に占める同地域の人口（8.2%）およびGDP（8.6%）の比率に比べると高く，一人当たりの温室効果ガス排出量や，GDPと温室効果ガス排出量の比較では，中国，インドなどを大きく上回っている．うち中米・カリブ地域については，全世界における温室効果ガス排出量の約3%を占めており，気候変動による影響は2020年までに0.5度，2040年までに1度の気温上昇が予測されているなど，気候変動の影響への危機感は強くなっている．このためJICAは，中米・カリブ地域における気候変動に向けた取り組みについても，本覚書を通じてさらに注力していくこととなった．SDGsの枠組みでは特に「7. エネルギーをみんなに，そしてクリーンに」や「13. 気候変動に具体的な対策を」に対応する．

2012年，中米・カリブ地域における再生可能エネルギーおよび省エネルギー分野向け協調融資（COREスキーム)」を創設した．金額規模は，5年間で計3億ドルを上限とする円借款での協調融資とした．

その後，ニカラグア政府との間で「持続可能な電化および再生可能エネルギー促進事業」やコスタリカ政府およびコスタリカ電力公社と「グアナカステ地熱開発セクターローン」に係る協力協定書が締結された．これら2件により，2012年の実施枠組み署名後5年を待たずして上限額を超過したことから，2014年目標，上限額を10億ドルに改定した．加えて協調融資対象として，カリブ開発銀行(Caribbean Development Bank: CDB)，東カリブ諸国（ドミニカ国，セントルシア，セントビンセントおよびグレナディーン諸島，グレナダ)，パナマ，コスタリカおよびスリナムを追加することとなった．

2016年，中南米地域における質の高いインフラ投資に向けてIDBとの協調融資を拡大，2020年度までに合計30億ドルの円借款供与を目標とした．

対象国は，従来の中米・カリブ地域に加え，インフラ資金需要の大きなブラジル，ペルーなどの南米地域やメキシコを追加することとなった．また，対象分野は，従来からの再生可能エネルギー開発および省エネルギー促進に加え，エネル

表 3.1　再生可能エネルギーおよび省エネルギー分野向けIDBとの協調融資実績

借入国名	案件名	L/A 調印日	貸付実行期限	借款金額
コスタリカ	グアナカステ地熱開発セクターローン（ボリンケンI）	2017/6/20	2026/9/27	25,991 百万円
	グアナカステ地熱開発セクターローン（ラス・パイラスII）	2014/8/18	2023/12/8	16,810 百万円
ホンジュラス	カニャベラル及びリオ・リンド水力発電増強事業	2015/3/26	2024/7/22	16,000 百万円
ジャマイカ	エネルギー管理及び効率化事業（ドル借款）	2017/11/23	2025/12/18	1,500 万ドル
ニカラグア	持続可能な電化及び再生可能エネルギー促進事業	2013/10/8	2020/1/28	1,496 百万円
ボリビア	ラグナ・コロラダ地熱発電所建設事業（第一段階第一期）	2014/7/2	2021/1/23	2,495 百万円
	ラグナ・コロラダ地熱発電所建設事業（第二段階）	2017/3/24	2027/9/4	61,485 百万円

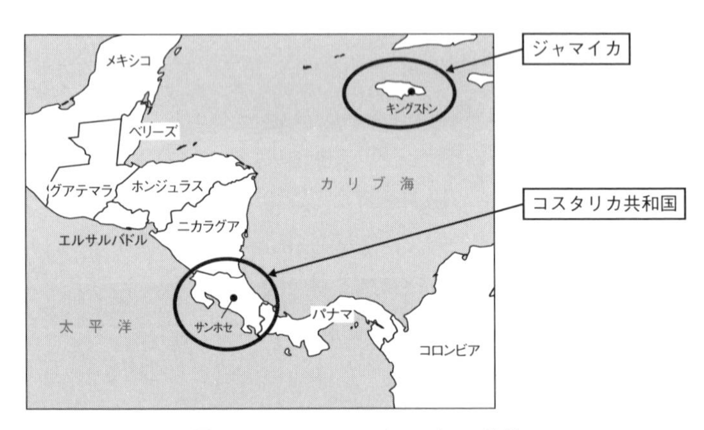

図 3.2　コスタリカ・ジャマイカの位置

ギー効率の改善に役立つ運輸や水・衛生も加えられた．その結果，対象期間は2020年度まで，IDBにおいては過去最大の協調融資枠組みとなった．

a．　コスタリカの円借款事例

特徴的な2案件を見てみたい．1件目は，コスタリカ国地熱セクターローンである．

環境保護先進国として名高いコスタリカは再生可能エネルギーの導入に力を入れている．中でも安定的な電力供給が期待される地熱開発には大きな期待が寄せられており，同国初の地熱発電事業となった「ミラバジェス地熱発電事業」には，JICA が 1985 年に円借款を供与した．また，増加する電力需要や 2021 年までの世界初[3)]の「カーボン・ニュートラル」[4)]国実現達成を支援するため，2011 年，地熱資源の開発に JICA とコスタリカ電力公社（ICE: Instituto Costarricense de Electricidad）が協力して取り組んでいくことを目的とする「コスタリカでの地熱開発に関する覚書」に両機関の間で署名している．

最大の電源は再生可能エネルギーの一つである水力だが，同国では雨季と乾季の降雨量の差が大きく，乾季には発電量が低下するという問題を抱えている．他方，地熱発電は，他の主要な再生可能エネルギーと異なり，年間を通じて安定的な電力供給が可能であり，温室効果ガス（GHG）の排出削減が期待できるベースロード電源として重要視されている．

また，本事業は中南米初の「セクターローン」として位置づけられる．「ボリンケン I 地熱開発事業」および「ボリンケン II 地熱開発事業」「ラス・パイラス II 地熱開発事業」と 3 か所の地熱発電所への支援であり，北西部グアナカステ県にこれら複数の地熱発電所を建設し，再生可能エネルギーによる電力供給を増強するとともに気候変動への影響緩和を図り，同国の持続的発展に貢献することを目指している．

セクターローンとは，複数のサブプロジェクトで構成される特定セクターの開発計画実施のために必要な資機材，役務およびコンサルティング・サービスの費用を融資する仕組みである．対象セクターの政策，制度改善にもつなげることを意図する．これに対し，円借款案件の大部分を占める通常のプロジェクト借款は道路，発電所，灌漑や上下水道施設の建設など，あらかじめ特定されたプロジェクトに必要な設備，資機材，サービスの調達や，土木工事などの実施に必要な資金を融資するものである．

b．ジャマイカの円借款事例

2 件目はジャマイカ国エネルギー管理および効率化事業を取り上げる．

2017 年，「エネルギー管理及び効率化事業」を対象として 15 百万米ドルを限度とする借款貸付契約が締結された．JICA として初のドル建て借款だ．実施機関はジャマイカ石油公社である．

首都キングストンを中心に国内全域の公共施設における省エネルギー技術・機器導入工事，キングストン市内の運輸セクターにおける交通管制システム確立に係る支援を実施し，官民双方の省エネルギーの促進を図り，気候変動の影響緩和および脆弱性の克服に寄与することを目的とする．貸付資金は公共施設の省エネルギー化に関連する空調，ボイラー，LED 照明，太陽光パネルなどの調達および導入のための改修工事，首都の幹線道路における交通管制システム確立に係る光ファイバーケーブル，信号，カメラ，センサーなどの調達およびコンサルティング・サービスなどに充当される見込みである．

ジャマイカはエネルギー源の 90% 以上を海外から輸入した化石燃料に依存しており，国家の財政悪化の一因となっている．そのため，省エネルギー推進により化石燃料輸入を削減することが課題であり，ジャマイカ政府は，2009 年より国家開発計画の開発目標の一つとして「エネルギー安全保障と省エネルギー」を掲げている．

具体的な方策として，特に公共部門，運輸交通部門におけるエネルギーや燃料消費が多くなっていることを踏まえ，これらの主要なエネルギー消費部門における省エネルギーの推進を行っていく．公共部門は，同国の総電力消費の 13% を占め，消費量増加率も他部門より高いことから，公共施設の省エネルギー化は喫緊の課題となっている．また，運輸交通部門については，特に首都キングストンにおいて，非効率な交通管制システムにより車両の平均通行速度が制限され，燃料消費量が多くなっているものの，このシステムを改善することで，約 40% の燃料消費削減を見込んでいる．

3.2.2　国を超えた域内での算数教育

次に SDGs「4. 質の高い教育をみんなに」に直接裨益している事例を紹介したい．中米諸国は英語圏のベリーズを除けばすべて西語圏，カトリック教国であり，北部グアテマラの首都グアテマラシティから車でニカラグアの首都マナグアを通って，コスタリカの首都サンホセまで 18 時間，一番離れているパナマまで延ばしても 28 時間程度．エルサルバドルの首都サンサルバドルからホンジュラスの首都テグシガルパまで車で 5 時間．要すれば，10 時間程度で真ん中の国の首都であるサンホセやマナグアに 7 か国が集まってくることができるくらい，往来がしやすい距離にある．

中南米地域における基礎教育協力は，UNESCO の支援の下，各国の参加を得て実施された 1956 年の「基幹事業（Proyecto Principal）」に始まる．当時，初等教育の学齢人口が約4,000万人であったが，就学率が50％未満，修了率が20％未満と低迷しており，教員も約50万人不足しており，資格不足などに起因する現職教員の資質の低さも問題視されていた．1970年には学齢児童の完全就学が目標とされたものの未達に終わる．

UNESCOが主導する形で「基幹教育プロジェクト（Proyecto Principal de Educación: PPE）」が形成・開始され，2000年までに①最低8〜10年の普通教育の提供，②非識字の撲滅，③教育の質および効率性の向上，を達成することが目標として掲げられた．しかし，後に「失われた10年」と呼ばれる経済危機に見舞われ，国際通貨基金（IMF）と世界銀行が主導した構造調整政策と緊縮財政に伴う教育予算縮減により，各国の教育開発は停滞ないし後退した．

その間，エルサルバドルではラテンアメリカとして最も早く青年海外協力隊が1968年派遣され，順次，スポーツ隊員や農業隊員など様々な職種の隊員が派遣されていった．個々人の活動は物も予算も不足する中で相手側カウンターパートと一緒に活動を行い，それぞれの局面において効果があったが，一国の教育セクターそのものを変えるところまではいかなかった．

しかしながら，隊員一人ひとりの真摯な活動を通して，あるいは日本の協力への信頼が，2003年から開始されたホンジュラス算数指導力向上プロジェクトの開始につながる．これが中南米地域の教育分野における技術協力プロジェクトの嚆矢となった．

隊員の活動やこのプロジェクトを通じた技術協力案件の協力内容は，教材作成や教員研修支援を中心とした「教育の質の向上」に資する協力であった．特に，中米に共通していた算数教育改善のニーズに基づいて，ほぼ同時期にホンジュラス，エルサルバドル，ニカラグア，グアテマラ，ドミニカ共和国の5か国で実施されたプロジェクトは，戦略的な広域協力を具現化する中米カリブ「算数大好き！」広域プロジェクトとしてまとめられた．その詳細は後述するが，本プロジェクトが協力対象国のみならず中南米諸国に及ぼした影響は大きく，域内教育関係者が「算数教育協力＝日本／JICA」というイメージを持つ契機ともなった．

前述の通り，1990年代ホンジュラスに対して，主に中等教育課程数学・理科教育の強化支援と小学校教育全般に対する支援のために小学校教諭を青年海外協力隊員として多く派遣していた．1998年ホンジュラス教育省は，小学校教師・算数科の指導力向上を重点テーマとして掲げ，現職教員研修を通じた算数科指導

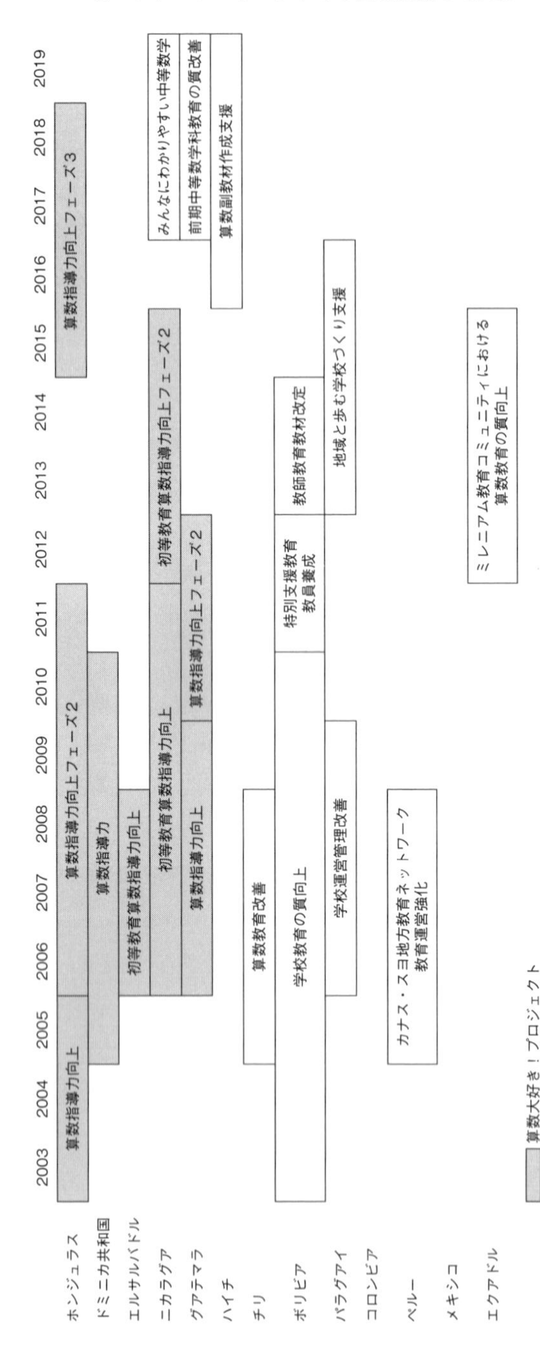

図3.3　教育分野における JICA の技術協力プロジェクト

力向上のための協力を要請．派遣中の隊員と新規の隊員は，「研修教材開発～現職教員に対する研修（優秀なリーダー教員の選出）～リーダー教員による普及」モデルを提案．1998年地域の教員に対して小学校算数教育に関する指導法改善をテーマとした研修を実施．受講教員の中からリーダー教員として活動できる能力の高い教員を約10名選出しコアグループを結成した．このコアグループと共同で戦略や研修内容を決定し，現職教員向けの研修を各地で計画・実施．少しずつ研修受講する教員を増加させていく戦略を取った．研修教材内容の統一化・印刷の一元化をすることによって活動をより効率化．その活動は全国へと普及していったのだ．

その後2003年，当時使用されていた国定教科書用の教師用指導書を開発し，その使用法に関する研修を現職教員向けに実施することを通して授業改善を図り，最終的には児童の学力向上に結びつけた技術協力プロジェクト（「算数指導力向上プロジェクト」）が開始されたのである．

しかし，開発された教科書と教師用指導書を全国配布する手段がなかった．当時のホンジュラス教育省は，教育省予算の95%以上が教員給与として支出されており，新教科書を印刷・全国配布するだけの財政的裏付けがなかったのだ．

当時はEducation for all (Educación para Todos); Fast track initiativeを推進するため教育ドナーグループが活発に情報交換，援助協調を実施していた．その結果，コモンファンドとして財政支援型協力を実施していたスウェーデン国際開発協力庁（SIDA）が，1～6年生算数教科書と教師用指導書の全国配布のための印刷費を負担し，全国配布することを決定．また新教科書全国普及のための伝達研修の費用をスペインが支援，評価に関しては米国国際開発庁（USAID）が支援するなどドナー協調の具体的成果として新カリキュラム政策に係る施策が，上流から下流までドナー協調により包括的に支援される結果となった．更にこの動きを促進したのが，教育省，ドナー間でのMOU署名である．同MOUは，Education for all; Fast track initiativeに対して「援助モダリティーの垣根を越えて協調し合おう」という趣旨であり，財政支援型，プロジェクト型を超えたホンジュラス型SWAPsを明文化したことに意義があった．その結果，排他的ではない風通しの良いドナー協調環境が形成され，自由な雰囲気の中でドナー間で十分なコミュニケーションができる，という結果となった．このように同一分野において複数のドナーが協調する環境にあったことがプロジェクト成果であった新教科書と新教師用指導書の全国配布，普及環境を整える追い風となったのだ．

ホンジュラスでのプロジェクトが実施されている当時，隣国エルサルバドルでは青年海外協力隊員による小学校に対する算数・数学教育協力活動がなされていた．ホンジュラスのプロジェクトでは，ホンジュラス一国の成果ではなく他国にも広げようということが議論されている中，ホンジュラス・エルサルバドルの両国JICA事務所が両国教育省にエルサルバドルでも同様に教科書開発・教師指導の活動ができないかということを働きかけていた．

当時の駐エルサルバドル日本国大使はNHKの人気番組「プロジェクトX」をゴールデン番組に放映，大使自らテレビ出演してその解説に務めるなど，エルサルバドル人の親日感を醸成することに腐心していた．大使もエルサルバドル教育大臣に直接，日本の協力の成果を伝え理解を求めたといったことも功を奏し，エルサルバドルでも同様の，教科書開発，教員向け指導が本格化していった．

同じスペイン語を話す隣国という似通った社会があったため，ホンジュラスで開発していた教科書や教員への指導法についてはうまく活用することができた．

同じく隣国のグアテマラでも始まりは青年海外協力隊員の活動であった．

1999年派遣されたシニア隊員（青年海外協力隊員よりも経験が豊富な隊員）が各県を巡り実態を確認し，小学校での算数教育が重要との結論を導いていた．すぐにプロジェクト型の支援が開始されたわけではなかったが，その後派遣される一人ひとりの隊員は「子供たちの基礎学力を上げ，留年者・退学児童を減らしたい」という強い思いで地道な活動を続けた．各隊員はグアテマラの算数教育の問題に気づき，自身でできることを模索し始めたのである．

ホンジュラスも，エルサルバドルも，グアテマラも，青年海外協力隊員が小学校に赴任すると，子供の学力があまりにも低いことにショックを受ける．その後教員の授業が子供の学びに基づいていないことに気づき，適切な教科書と教員への研修が必要と考えるようになったのである．

特にホンジュラスが先行し，専門家を派遣したプロジェクトが開始されていたことから文化的･社会的に近い国同士での意見交換がうまくいったことが大きい．細かくいえば，政権も異なり，様々な苦難はあったものの，情報交換が密になされ試行錯誤がまったくのゼロからの立ち上げよりもうまくいくことができたことは大きい．

ニカラグアでは2006年から「初等教育算数指導力向上プロジェクト」が実施

された.

ニカラグアが特異だったのは教科書の開発や全国普及は他国同様であったが，普及にあたってより実践的な「授業研究」がその主力となった．日本の授業研究現場でよく見られるように「生徒を集めて公開授業を実施し，それを多くの教員が見学をし，その後検討会を行う」という光景が見られるようになった．全国教員の半数以上が授業研究に参加するようになり，教科書を使っていかに授業を行うかという実践能力の向上が格段に図られたのである.

そして今，各国ごとに，否，各国情報共有・意見交換を密にしながらもそれぞれ深化しようとしている．ニカラグアでは中等教育の場で数学教材・指導を推進しているし，グアテマラで開発された算数教科書はボリビアなど多くの西語圏でも活用されている.

中米でこうした西語による算数教科書を作成したことが知られ，2019 年 3 月，ホンジュラスで開発・作成された西語算数教科書が兵庫県教育委員会へ贈与された．昨今，日本国内では外国にルーツを持つ子供たちの数が年々増加しており，各都道府県ではそのような子供たちを対象にした学習支援が行われている．特に西語を母語とする子供たちにとっても，また指導する教員にとっても，ホンジュラスで開発された教材が大いに役立つことが期待されている．国際協力の成果物を直接日本国内の教育現場に還元する初めてのケースとなったが，今後こうしたケースも多く出てくると思われる．このことが途上国・先進国といった枠に縛られない SDGs の活動の一つだとも言えるのではないだろうか.

3.2.3 日本人移民を通じた国家建設と親日感醸成

1868 年江戸幕府が無血開城されると，その 2 週間後，サイオト号で 153 人の日本人がハワイ王国に向かったことが日本人の集団移住の嚆矢とされる．サトウキビの収穫のためのデカセギ労働者としての渡航であった．ハワイ王国はそのころ，多くのサトウキビ労働者を必要としていた.

後にアメリカ合衆国に併合されるハワイ王国を経由すれば米国本土西海岸への転住も比較的簡単にできる時代ではあったものの，西海岸では「白人農家の生活を脅かす」という理由で日本人排斥運動が起こり，1907 年日本人労働者の米国本土上陸が禁じられた.

一方，中南米各国では 1800 年代半ばから奴隷解放運動が起こり，1862 年リンカーンによる奴隷解放宣言，1888 年には新大陸最後にブラジルも奴隷解放を行った．とは言え，プランテーションの労働者は奴隷がいなくなったとしても必要だった．米国からのデカセギを拒否された日本と労働者不足に悩むブラジルの関心事項が一致し，1908 年 781 人の日本人がサントス港へ到着する．

当初はコーヒー農園などで慣れない過酷な農作業に従事し，辛抱強く移住地，移住国における経済的，社会的基盤を築いていった．農業移民として多くの日本人がブラジルへ渡った．当時のブラジルや中南米での食生活には野菜はほとんどなかった．日本人移住者が野菜を作ったものの，食べ方もわからないブラジル人にとって野菜は見慣れないものだったし，お金を出して買うものではなかった．それを食べ方を教え，流通まで整備していったのである．1930 年から 1960 年代のサンパウロ中央卸売市場では，仲買人・小売業者・出荷団体その他業者の実に 9 割近くが日系人で占められていたとも言われている．

1927 年にはコチア・バタタ生産者組合が設立される．後の南半球最大の農業協同組合と呼ばれる「コチア産業組合」である．1929 年には同じく南伯農業協同組合中央会の前身組織が設立された．ジャガイモ生産者が倉庫がないために商品を抱えこむことができず，商人に不当に買いたたかれるとして共同での倉庫設立から始まり，共同購入事業など事業を拡大し，両組合とも組合員数 1 万人を超えるほどまで発展した．

日本人移住地の大部分には医師，看護師が常駐していなかった．多くの移民が医者にかかれず，適切な治療を受けられないことが多かった．1925 年前後，日本人移民の渡航者が急増していく中で，同胞の医療状況を改善するためとして，皇室からの御下賜金や日本で「サンパウロ」日本病院建設後援会（会長・斎藤実，当時の前首相）が発足し建設資金の募金が盛り上がり，1939 年日伯慈善会　サンタクルス病院が竣工した．

また戦後にはサンパウロ日伯援護協会が日伯友好病院を始め多くの医療・介護施設を経営している．両医療機関とも日系人のための施設として発足したが，その後，多くのブラジル人の患者を受け入れ，名実ともにブラジルの優良医療施設と認知されている．

戦前戦後を通じて，おおよそ 35 万人の日本人が中南米に移住され，結果，約 213 万人の日系人の方々がいると言われている．艱難辛苦を耐え，「日本人は信頼できる，日本人はうそをつかない」という日本への信頼を日本人移民の方々，日系人の方々がラテンアメリカで創り上げてきた．このことがラテンアメリカでの親日感につながっていることは間違いない．

また，19 世紀後半，ヨーロッパ，中東，そしてアジアから多くの移民がラテンアメリカにやってきた．新しい近代国家建設が各国で促進された．そしてその一翼を担ったのが日本人移民である．

初代国立民族学博物館館長・梅棹忠夫氏はこれを「われら新世界に参加す」とした．日本人移住者は新世界のお客でもなければ侵入者でもない．むしろ，新しい文明の形成に重要な役割を果たした参加者である，とした．

SDGs は MDGs と異なり，先進国･途上国の別なく持続的開発に貢献する，まったく新しいパラダイムを提示しているものであるのであり，また，SDGs の時代においては，ここに日本人移民のたどってきた日本近代史そのものを見つめなおす作業を通じて，国際貢献のあり方を考えていくことが重要だと思われる．

注と参考文献

1) IMF（2019 Apr): World Economic Outlook.
2) ASEAN10 はインドネシア，カンボジア，シンガポール，タイ，フィリピン，ブルネイ，ベトナム，マレーシア，ミャンマー，ラオスの全 10 か国．
3) 2007 年にオスカー・アリアス・サンチェス元大統領が“Paz con la Naturaleza（自然との調和)”イニシアティブを発表し，その柱のひとつとして同国が 2021 年までにカーボン・ニュートラルとなることを公約．2018 年 5 月，第 48 代コスタリカ共和国大統領に就任したカルロス・アルバラード氏は，就任演説で，コスタリカを「世界初の脱炭素国にする．」と宣言．
4) 「カーボン・ニュートラル」とは，人為的に排出される二酸化炭素の量を，その吸収量よりも低い水準に抑制して，均衡を保つという考え方．

・西方憲広（2017）：中米の子どもたちに算数・数学の学力向上を，佐伯印刷株式会社．
・香山六郎（1949）：移民 40 年史．
・JICA　横浜国際センター（2004）：われら新世界に参加す，JICA．

4. 中国における脱貧困事業とSDGs[1)]

4.1 は じ め に

中国が1978年に改革開放政策を実施してから，中国共産党中央委員会，国務院は毎年連続にいくつかの文件[2)]で「農業，農村，農民」（略称「三農」）を主題とし，農村の貧困政策の内容に関する中央政府の毎年第1番目の文件として配布し，中国政府が「三農」の事業を指導する重要な綱領性の文件となった．本章では，中国政府が提出した2020年までに小康社会[3)]を全面的に建設する前の重要な時期に，中国の改革開放してから農村地域に実施した脱貧困政策の発展の過程を真剣に整理して，より一層，それらの変化をよく把握し，中国農村貧困地区の人口が2020年までに全国一斉に全面的に小康社会に入ることを確保し，重大な歴史的な意義と現実的な意義を持っている．

4.2 改革開放から現時点までの中国の貧困問題に関する諸政策

4.2.1 研究の背景

中国の国家統計局の「中国農村貧困監視報告2015」によると，1人1日1.9ドルの基準での計算により，1981年以来，世界の貧困人口は19.97億人から2012年の8.97億人までに下がり，貧困人口は11.0億人を減少した．そのうち，中国の貧困人口は1981年の8.78億人から2012年の0.87億人に下がっており，7.90億人を減らし，同じ時期の世界の貧困人口の71.8%を占めた．こうなると，1981～2012年の32年間，全世界的な脱貧困人口の中で100人ごとに72人近くが中国人であり，中国は世界に対する貧困減少の貢献率の70%を超えたといえよう．

表 4.1　世界と中国の貧困状況（単位：万人，%）

年代	1人1日1.9ドルの基準			
	全世界		中国	
	貧困人口	貧困発生率	貧困人口	貧困発生率
1981	199,728	44.3	87,780	88.3
1990	195,857	37.1	75,581	66.6
1999	175,145	29.1	50,786	40.5
2002	164,960		40,910	
2005	140,640		24,440	
2008	126,040		19,410	
2010	111,975	16.3	14,956	11.2
2011	98,333	14.1	10,644	7.9
2012	89,670	12.7	8,734	6.5

（出典：中国国家統計局による筆者作成）

表 4.2　中国における農村部の貧困人口と貧困発生率（単位：万人，%）

年代	1978 年基準[1]		2008 年基準[2]		2010 年基準[3]	
	貧困人口	貧困発生率	貧困人口	貧困発生率	貧困人口	貧困発生率
1978	25,000	30.7			77,039	97.5
1980	22,000	26.8			76,542	96.2
1985	12,500	14.8			66,101	78.3
1990	8,500	9.4			65,849	73.5
1995	6,540	7.1			55,463	60.5
2000	3,209	3.5	9,422	10.2	46,224	46.8
2005	2,365	2.5	6,432	6.8	28,663	30.2
2010			2,688	2.8	16,567	17.2
2011					12,238	12.7
2012					9,899	10.2
2013					8,249	8.5
2014					7,017	7.2
2015					5,575	5.7
2016					4,335	4.5
2017					3,046	3.1

（出典：汪　三貴ほか，2018 と国家統計局，2017 により筆者作成）

[1] 1978～1999 年は農村の貧困基準と称して，2000～2007 年は農村の絶対的な貧困基準と称した．

[2] 2000～2007 年は農村の低所得基準と呼ばれ，2008～2010 年は農村の貧困基準と称した．

[3] 2011 年最新確定の農村貧困脱却扶助基準，つまり農民の 1 人当たり純収入 2,300 元（2010 年の値下がりは変動なし）．

1981年，全世界の貧困発生率は44.3%で，同じ時期に中国の貧困発生率は88.3%に達し，全世界の指標の2倍近くとなる．逆に，中国の経済発展と大規模な扶貧事業の展開にともなって，中国の貧困発生率は急速に低下している．2012年までに，中国の貧困発生率は6.5%になり，1981年より81.8ポイント低下した．同時期に全世界の貧困発生率が31.6ポイント低下し，12.7%となったが，これは中国の6.5%に比べて，約2倍となる（表4.1）．

汪三貴（2018年）の統計資料によると，中国は1978年以来，貧困削減から精密に脱却貧困まで世の注目を集めた．2010年の中国の貧困線の基準で計算されれば，中国の改革開放以来の貧困扶助の仕事は累計で7.4億人の農村部の貧困人口を減少し，貧困発生率は94ポイント以上に下がった（表4.2）．中国の大規模な貧困削減は，自国の7億人以上の農村部の人口を貧困から脱し，徐々に小康生活に向かっていくとともに，世界の貧困削減事業にも大きな貢献を提供した．

4.2.2 中国の貧困削減および貧困脱却政策の発展段階と成果

中国が1978年に改革開放政策を実施してから，農村の貧困削減事業は以下のように五段階で行われた（表4.3）．

a. 第1段階（1978～1985年）：体制改革が推進する貧困扶助の段階

1978年12月，鄧小平（1978年）は，「西北，南西，その他のいくつかの地域では，生産と大衆の生活はまだ難しい．国は各方面から扶助を与えなければならない．特に物質的に有力な支持を与えなければならない」，「一部の人や一部の地域が豊かになって，最終的に共同に豊かになる」と指摘した（中国共産党中央文献研究室，1996，p.32）．

1978年，国家の中央の会議と中国共産党の第11期第3回全体会議の改革開放の幕が開き，会議の重要な成果として党と国家の仕事の重点を経済建設に移転した．1979～1985年，中国経済体制改革は経済の全面的な成長を促進し，家庭連合生産請負責任制と農産物の価格調整を重要な内容とした農村政策の調整と体制改革を促進し，貧困減少式の成長方式の1つとして，農民の収入を普遍的に増加させ，農村部の貧困人口は大規模に減少した．

当時の貧困という範囲が広いため，中央政府は農村部の貧困人口について具体的な政策や措置を出さなかったが，貧困人口の減少は最大である．収入の成長効果の面で見ると，1978～1985年，農村部の住民の実際の1人当たり純収入は

表 4.3　中国の改革開放政策以来の農村貧困扶助および脱貧困政策の成果

	第 1 段階	第 2 段階	第 3 段階	第 4 段階	第 5 段階
年代	1978～1985 年	1986～1993 年	1994～2000 年	2001～2010 年	2011～2020 年
名称	体制改革が推進する貧困扶助の段階	大規模な開発式の貧困扶助の段階	貧困堅塁攻略の段階	第 1 個目の農村貧困脱却扶助開発の綱要の段階	第 2 個目の農村貧困脱却扶助開発の綱要の段階
政策目標	土地経営制度の変革：家庭請負制度[1]が人民公社の集団経営制度に代わる．農産物の価格は徐々に解い，郷鎮企業発展に力を入れる．	専門的な貧困扶助機関を手配し，専用基金も手配し，専門的な優遇政策を制定する．伝統的な救済式の貧困扶助方針を徹底的に改革し，開発式の貧困扶助方針を確定する．	人力，物力，財力を集中し，2000 年末までに，当時の全国の農村部に生活している 8,000 万人の貧困人口の満腹問題を解決する計画だ．	満腹問題を解決する成果を固め，小康レベルを達成するための条件をつくる．	2020 年までに「2 つの心配ことがなし」,「3 つ保障」を実現する．貧困地域の農民の平均的な純収入の成長値を，全国の平均レベルより高め，基本的な公共サービスの主要な分野の指標を全国の平均レベルに接近させ，格差拡大の趨勢を転換させるという狙いがある．
特徴	農村部の貧困削減の重要性が明確に．	中国の貧困扶助の事業は歴史の新時期に入った．	新中国の歴史上で初めての明確な目標，明確な対象，明確に措置と明確に期限がある貧困扶助開発アジェンダ	集中連片の原則に従って，国は貧困人口が集中している中西部の少数民族地区，革命老地，辺境地区と特殊障害地区を貧困開発の重心とする．	精巧な貧困扶助と精巧な貧困脱却
成果	1978 年の貧困人口：2.5 億人，1985 年時点の農村の貧困人口：1.25 億，年平均は 1,786 万人を減らした．	1993 年になると，農村の貧困人口は 1.25 億人から 8,000 万人に減った．	2000 年になると，貧困人口は 3,200 万人に減った．	2010 年末までに，貧困人口は 2,688 万人に減った．	農村部の貧困人口は，1978～2015 年 37 年間で 7.1 億人減少した．

（出典：宋　洪遠，2018 より筆者作成）

[1] 家庭請負制度：かつては人民公社においては各個人が公社に雇われ，公社の指示に従って生産をしていたが，この制度においては世帯ごとに契約した生産物を公社に納入し，残りは各世帯で自由に販売などする方式．この方式により農民の営農意欲が向上し，農業生産が増加した．

169% 増加して，年平均は 15.1% 増加した．収入の分配の面から見ると，農村部のジニ係数は 1980 年の 0.214 から，1985 年の 0.227 に下がって，農村部の内部の収入の差は縮小した．1978 年の 100 元の貧困線基準によると，1978 年の中国の貧困発生率は 30.7% で，貧困人口の規模は 2.5 億人で，世界の貧困人口の割合は約 4 分の 1 であると推定されている．1985 年になって，中国政府は農村部の貧困人口の残り 1.25 億人の満腹問題[4]を解決して，貧困発生率は 15%，年平均は 1,786 万を減らすと明らかにした．

b．第 2 段階（1986〜1993 年）：大規模な開発式の貧困扶助の段階

この段階では，1986 年以前に制定した短期的に貧困人口の生存や満腹問題を解決する政策を行った主要な救済方式を，貧困層や貧困地域の人口が自己発展の能力を高める政策措置に変わった．

c．第 3 段階（1994〜2000 年）：貧困堅塁攻略の段階

この期間は，「国家八七扶貧堅塁攻略計画（1994〜2000 年）」の政策措置を実施し，政府からの投入，一対一式の支援，貧困扶助を強化するなどの政策措置を公布し，7 年間の時間で残り 8,000 万人の農村部の貧困人口の満腹問題を解決することが決定した．

d．第 4 段階（2001〜2010 年）：第 1 個目の農村貧困脱却扶助開発の綱要の段階

この時期では，中国政府は「中国農村扶貧開発綱要（2001〜2010 年）」を公布した．この政策は主要な措置として，貧困地域の集落すべての人口が貧困からの脱却，農業産業化の開発での貧困への扶助，労働力のトレーニングでの扶助，異郷に遷移配置[5]で扶助するなどの対策を実施した．

e．第 5 段階（2011〜2020 年）：第 2 個目の農村貧困脱却扶助開発の綱要の段階

第 5 段階で，中国政府は「中国農村扶貧開発綱要（2011〜2020 年）」を実施し，六盤山区，秦巴山区，武陵山区など全国にある 14 の集中連片[6]特別地区が貧困開発の主な場所となる．適切に貧困扶助措置を実施し，農村地区の貧困救助対象に対して，2020 年までに「食べ物に心配せず，衣服に心配せず」という「2 つの心配ことなし」，「義務教育，基本医療と住宅を保障する」という「3 つ保障」を実現する．貧困地域の農民の平均的な純収入の成長値を，全国の平均レベルより高め，基本的な公共サービスの主要な分野の指標を全国の平均レベルに接近させ，格差拡大の趨勢を転換させるという狙いがある．

国連（2015 年）の調査データによると，世界の極貧人口は 1990 年の 19 億人

から 2015 年の 8.36 億人に下がり，そのうち，中国の貢献率は 70% を超え，世界の貧困削減事業に大きな貢献を提供した．

中国の国家統計局の 2018 年 2 月の統計によると（周強，2018），中国農村部の貧困人口は 2012 年以降，累計 6,853 万人が減少した．中国内陸部 31 の省区市にある 16 万戸の住民のサンプリング調査によると，現行の農村部の貧困基準で計算すれば，2017 年末には，中国の農村部の貧困人口はまだ 3,046 万人がおり，前年度末より 1,289 万人が減少し，貧困発生率は 3.1% で，前年末に比べて 1.4 ポイント減少した．2018 年末には，全国の農村部の貧困人口は 1,660 万人で，前年度より 1,386 万人減少，貧困発生率は 1.7% で，前年より 1.4 ポイント低下した．

行政別で中国全体を 3 つの地域に分けて見ると，2017 年，東，中，西部地域の農村部の貧困人口は全面的に減少した．つまり，東部地区の農村部の貧困人口は 300 万人で，前年より 190 万人減少し，中部地区の農村部の貧困人口は 1,112 万人で，前年より 482 万人減少し，西部地区の農村部の貧困人口は 1,634 万人で，前年より 617 万人減少した．2017 年と比べて見ると，2018 年の東，中，西部地域では農村の貧困人口も全面的に減少している．つまり，東部地区の農村部の貧困人口は 147 万人であり，前年より 153 万人減少した．中部地区の農村部の貧困人口は 597 万人で，前年より 15 万人減少した．西部地区の農村部の貧困人口は 916 万人で，前年より 718 万人減少した．

地域別に分けて見ると，2017 年の中国各省区市レベルの農村部の貧困発生率は 10% 以下までに降下している．そのうち，農村部の貧困発生率は 3% および以下 17 個の省区市がある．つまり，北京，天津，河北，内モンゴル，遼寧，吉林，黒竜江，上海，江蘇，浙江，安徽，福建，江西，山東，湖北，広東，重慶である．2017 年より 2018 年には 6% 以下に下がった．その中で，農村部の貧困発生率は 3% および以下の省区市が 23 になる．つまり，北京，天津，河北，内モンゴル，遼寧，吉林，黒竜江，江蘇，浙江，安徽，福建，江西，山東，河南，湖北，広東，海南，重慶，四川，青海，寧夏である．

4.3　中国の貧困地区から得る主な貧困削減モデル

4.3.1　養殖産業[7]モデル

甘粛省臨洮県の事例をあげてみる．適切な脱貧困を実施する過程の中で，甘粛省臨洮県政府は県内の集落の貧困人口に専門化，大規模化，集約化の草牧業を発展させ，「一郷一業，一村一品」の産業構造を形成し，養殖戸の専門の協同組合を設立する．養殖戸の小屋の面積，運動場，セットの施設などの状況によって，条件に合った養殖戸に小尾寒羊という品種の母羊6頭を配給した．補助金は2,000元で，標準化の小屋暖棚の改築のために使用させ，養殖戸の産む子羊は，協同組合が市場価格より2元/kgを上回る買収を行っている．現在，養殖戸から子羊約600頭を回収して，養殖戸の平均収入が約2,000元の収益になった．

4.3.2 遷移式の貧困扶助モデル

貴州省恵水県の事例をあげてみる．ここでは，国の貧困扶養移転政策を実施した．県政府は「外に家が引越しできる，住み安定ができる，保障があり，富を得ることができる」という原則に従って，当地の貧困扶養移転の仕事の成果が顕著である．恵水県政府は立ち退き政策を制定し，移転人口に対して建設資金補助政策も実施した．つまり，自然村の全体的な移転人口に1人当たり1.2万元の標準で補助金を与える．引越しした世帯への奨励として，旧家（引越し前の家）の解体協議を締結した時間通りに取り除かれた世帯に，1人当たり1.5万元の住宅建設資金を配布された．2016年，第1回目の移転人口が1,095戸4,687人，第2回目の2,868戸11,989人が引越しした．

4.3.3 観光文化の貧困扶助モデル

河北省淶水県の事例をあげてみる．この場所は，燕山と太行山という連片特別貧困地域にある．特に，世界地質公園，国の5A級レベルの観光地，国際森林公園など豊かな観光資源がある．県政府が利益を結びつけたり，文化と内生発展の動力を発揚したりすることを模索したうえに，成功した旅行式の貧困扶助の経験を提供した．野三坂という観光景勝地は元の520 km^{2}から700 km^{2}まで拡大し，受益した貧困村は33から71に増加し，貧困人口は10,494人のうち4,194人が脱貧困になった．

4.3.4 電子商務取引[8]貧困扶助モデル

山西省陽高県の事例をあげてみる．農村部の貧困地区の電気商務経済が強力に発展させ，農村住民の増収ルートを広げ，人材育成ルートと地元のグリーン食品の魅力を見せ，農村経済の実力を高めた．例えば，楽村淘電子商務取引有限責任会社は「農産物特色館」，「電子商務育成基地」，「物流産業園」を設立し，県内13個の郷鎮の全自然村をカバーした．2016年の販売実績は3,600万元に達し，162個の物流ポイントを完成した．同時に，123期の養成訓練班を開催し，968人の研修生が修了した．

4.4　寧夏における「貧困脱却」事業の事例

寧夏の貧困人口は主に寧夏の南部の六盤山地区に集中し，中国にある14個の集中連片特別貧困地区の1つである．国および地方政府の政策の下で，改革開放40年の貧困開発を経た．寧夏の貧困扶助および脱貧困の事業は，輸血式から造血式，すなわち，救済式扶助から開発式の貧困扶助への転換を実現した．貧困扶助事業では，「福建省寧夏回族自治区との協力，生態移民[9]，金融扶助，産業扶助，社会の協力，技能養成」というモデルなどを実施し，非常に顕著な成績を収めた（表4.4）．

移転式の貧困扶助事業は，自然条件の悪い地域の貧困人口の生存と発展問題を解決するため重要な措置の1つである．近年では寧夏全区の貧困人口と貧困発生率が，全国と同期して好調に進展している．寧夏の農村部の貧困人口は大幅に減少し，貧困の発生率も年々低下している（表4.5）．

表4.4　寧夏の貧困脱却事業発展の段階と貧困削減業績（単位：万人）

	第1段階	第2段階	第3段階	第4段階	第5段階
時間	1983～1993年	1994～2000年	2001～2010年	2011～2015年	2016～2018年
主な政策	「三西」[1] 貧困削減政策	「両百」[2] 貧困扶助政策	千村貧困扶助政策	百万貧困人口貧困扶助政策	精密に脱貧困政策
貧困削減成果	19.8万人	1998～2010年30.8万人；2001～2008年14.72万人；2008～2010年15.36万人．		35万人	5.5万人

（出典：寧夏回族自治区統計局，2018による筆者作成）

1) 甘粛省の河西，定西と寧夏の西海固という所は，「三西」地域と呼ばれている．

2) 100社の民間企業が，100個の貧困村へ協力して扶助する．

表4.5　寧夏の農村部の貧困人口と貧困発生率変動表（単位：万人，%）

	2010年	2011年	2012年	2013年	2014年	2015年	2016年
貧困人口	77	77	60	51	45	37	30
貧困発生率	18.3	18.3	14.2	12.5	10.8	8.9	7.1

（出典：国家統計局住戸調査弁公室，2017による筆者作成）

4.5　現時点における中国の脱貧困事業に残された問題

現時点では，中国の脱貧困事業は全体的に著しい効果があり，中国政府が打ち出した2020年までに小康社会を全面的に建設するという目標が実現できるようになると予測される．しかし，いくつかの農村部にある貧困の深い地域では，特に困難な貧困人口は，所得が貧困線を超えて安定し，義務教育，基本医療，安全な住宅などの問題をすべて解決するのは難しい．国の確立した貧困の深い地域は，地理的な位置が偏遠で，交通が不便で，教育レベルや総合的な発展程度の低い民族地区である．一部が煙もまれな辺境地区であり，これらの農村地域の貧困人口の貧困要因は，自然地理の要因だけではなく，歴史や文化教育などの要因の制約も受けている．

教育を例にあげてみると，農村部の貧困地域では特に偏遠な民族地域で，貧困人口の教育の様相が好調に大きく変わった．しかし，これらの地域では，まだ教育の質に影響を与える多次元の問題が存在している．例えば，1つ目は，教師の数と質が不足し，教育の投入などが問題になっている．2つ目は，基礎施設の整備が遅れていて，偏遠地方の集落の児童たちの登校の問題にもなる．3つ目は，学生の保護者の教育程度が低くて，伝統の観念は学童の学習と将来性に影響がある．

4.6　終　わ　り　に

現時点では，中国は特色のある社会主義という新しい時代の段階に入る．中国政府は貧困から脱してもなお貧しい人々のために，産業の繁栄，経済収入の増加，教育訓練，国民の社会保障制度などのテーマをめぐって，今後，異なる発展段階の貧困基準を調整し，新たな需要と新たな矛盾条件に適応する貧困扶助政策を制定することとなるに違いない．したがって，筆者は“共通の豊かさ”を実現する総発展目標から見ると，農村部の深い貧困地域と特殊なタイプの貧困層に直面して，革新的なメカニズムと健全な制度が必要であり，“弱いものへ扶助が必要である”，“絶対的な貧困を撲滅すべき”とは，依然として中国政府の長期的な脱貧困事業であることと考える．

注と参考文献

1) 本章は，筆者の中国全国哲学社会科学弁公室支援プロジェクト「寧夏の事例を中心として西北地区における精確な貧困脱却扶助政策に関する研究」（番号: 17BMZ114）の段階的な研究成果の1つである．
2) 文件：中国の中央や地方政府における配布された重要な法例や政策文献という意味である．
3) 小康社会：安定しやや余裕がある社会の状態をいい，中国の発展戦略の目標として推進されている．
4) 満腹問題：農村貧困地域では食料が十分でないことが大きな問題であり，すべての人が食事を十分とれるようにすることが貧困対策の目標である．
5) 遷移配置：貧困地域の人口が農業生産に適しない地区から他の農業生産に適した地域に住民を移住，再配置すること．
6) 集中連片：集中連片とは，主に多くの省の境にあり，そのうちの多くは自然環境が劣悪で，生態環境が脆く，1世帯1世帯ごとの貧困脱却は特に困難であり，貧困が解決できないので，その地域の脱貧困の方式により統一的に考慮されると意味である．
7) 養殖産業：日本においては養殖とは一般的に水産物の生産を指すが，中国では家畜の生産も含め，ここでは羊や牛などの繁殖，飼育産業を示している．
8) 電子商務取引：情報通信システムによる農産物の販売などをいう．日本でも急速に普及しつつあり，それによる販路の拡大などで農業収入の増加が期待されている．
9) 生態移民：災害や放牧などにより環境が悪化した地域において，環境保全を行うため，生産・生存しにくい地域の農牧民を他の地域や都市に移転させること．移転者には政府から補助がなされる．

・国家統計局住戸調査弁公室（2015）：中国農村貧困検査報告 2015，中国統計出版社．
・国連（2015）：千年発展目標 2015 年報告．
・国家統計局住戸調査弁公室（2017）：中国農村貧困検査報告 2017，中国統計出版社．
・汪　三貴，曾　小渓（2018）：地域の貧困開発から精確に貧困扶助――改革開放 40 年の中国貧困政策の進化と貧困脱却の難点と対策．農業経済問題．
・中国共産党中央文献研究室（1996）：解放思想，実事を求めて，一致団結して前向きに．「鄧小平文選」第2巻，三連書店（香港）有限会社．
・寧夏回族自治区党委員会宣伝部，寧夏社会科学院（2018）：輝かしい 60 年，黄河出版メディアグループ，寧夏人民出版社．
・寧夏回族自治区統計局（2018）：寧夏の光り輝く 60 年（1958～2018），中国統計出版社．
・宋　洪遠（2018）：わが国の改革開放以来の農村貧困扶助政策の歴史的発展と貧困扶助実践．

http://www.71.cn/2018/1023/1021707.shtml
・周　強（2018）：2017年には農村部の貧困人口が1289万人に減少. China Daily（2018年2月1日）.
https://baijiahao.baidu.com/s?id=1591202532546473959

5. 高等教育パートナーシップとSDGs

5.1 はじめに

持続可能な開発目標（以下，SDGs）は，2015年9月に開催された国連持続可能な開発サミットで採択された「持続可能な開発のための2030アジェンダ」にて掲げられた2016年から2030年までの国際目標である（United Nations, 2019）．17の目標と169のターゲットから構成され，国際社会に対して「貧困に終止符を打ち，地球を保護し，すべての人が平和と豊かさを享受できるようにすることを目指す普遍的な行動」を呼びかけている（United Nations Development Programme, 2019）．高等教育パートナーシップとSDGsの関係については次の2点から整理できる．第一に，SDG Goal 4「すべての人々への，包摂的かつ公正な質の高い教育を提供し，生涯学習の機会を促進する[1)]」において，高等教育を含む様々な教育セクターの改善が喚起されている．第二に，SDG Goal 17「持続可能な開発のための実施手段を強化し，グローバル・パートナーシップを活性化する[2)]」において，SDGsの達成に向けて先進国と発展途上国とのパートナーシップが推奨されている．この2点から，SDG Goal 4で掲げられている高等教育セクターの改善目標の達成に向けて，先進国と発展途上国による高等教育分野でのパートナーシップが1つの有効な手段であると位置づけられていることが分かる．

高等教育パートナーシップは，アフリカ諸国においても推進されている．世界銀行は，高等教育の強化への舵取りが21世紀における発展途上国の経済発展に向けて極めて重要な要素になると指摘しており（The Task Force on Higher Education and Society by the World Bank, 2000），アフリカ連合は具体的に強化すべき事項として，教育・研究活動の質的向上をあげている（African Union,

2006)．しかし，教育・研究の質的向上は，アフリカ諸国の現状を考えると容易ではない．例えば，アフリカ諸国の研究開発分野への公的財政支出は平均するとGDP比0.3％であり，先進国平均の6分の1程度の規模である（Jowi *et al.*, 2013)．また，科学技術者人口は，人口100万人あたり35人であり，アメリカ合衆国の4,103人，欧州連合の2,457人，ブラジルの168人と比較しても極めて少ない（African Development Bank Group, 2008)．さらに，1999年から2008年の間に世界の学術ジャーナルから出版された学術論文のうち，アフリカ諸国の研究者が著者となっている論文は，アフリカ54カ国でオランダとほぼ同等の約27,600本であった（Adams *et al.*, 2010)．こうした状況において，アフリカ諸国が独自に高等教育の強化を推進していくことには難しい側面があり，その打開策の1つとして先進諸国の大学とのパートナーシップが模索されている（African Union, 2006)．

高等教育においては，すでに教育活動や研究活動，職業訓練などの様々な分野で先進国と発展途上国の大学間連携がおこなわれているが，その全てが実質的に機能しているとは限らない．例えば，特定の助成プログラムからの財政支援に強く依存しており，助成期間が満了した時点でパートナーシップもが終了してしまう場合がある．また，支援をする側と支援を受ける側で相互利益を理念として掲げていても，実際にはどちらか一方の負担が大きく継続が困難になる場合もある．または，連携の当事者である部局間は協働していても，大学全体の協力が得られずに形骸化する場合もある．さらには，当事者同士の背景にある文化の違いへの対応策を十分に検討しなかった結果，想定していた通りに連携が機能しない場合もある．

本論では，こうした国際的な教育・研究連携に起こりうる課題を克服して有機的な取り組みをおこなっている事例として，ノルウェーのベルゲン大学(University of Bergen)，エチオピアのハワッサ大学（Hawassa University)，ディラ大学（Dilla University)，ウォライタソド大学（Wolaita Sodo University)，アルバミンチ大学(Arba Minch University)の5大学間教育･研究パートナーシップであるThe South Ethiopia Network of Universities in Public Health (SENUPH)に着目する．数あるアフリカ諸国と先進諸国間の大学間パートナーシップのうち，本調査でSENUPHを事例に着目した理由として次の2点があげられる．第一に，SENUPHは南エチオピア地方の高等教育機関の教育・研究の自立化を目指し，共同博士課程プログラムをはじめとする連携する当事者が具体的な取り組みをおこなっている点である．第二に，連携当事者間でパートナーシップの成果が完結するのではなく，将来的には支援を受けた大学がその地域の教育・研究における中心的存在となってその成果を周辺に波及させていくことが企図されており，持続可能な発展を目指している点である．

以上を踏まえて，筆者が 2018 年におこなったベルゲン大学での現地調査において，SENUPH に携わる教員，プログラムコーディネーターへのインタビューおよび関連する文献調査を通じて得られた知見をもとに，SENUPH がどのようにして SDGs に寄与する高等教育パートナーシップの仕組みを構築したのかについて論じる．

5.2 SENUPH の背景

2017 年に国際連合が発表した「世界人口予測 2017 年改定版」によると，現在約 76 億人の世界人口は 2050 年には約 98 億人に増加し，2100 年には約 112 億人に達すると予測されている（Population Division of the Department of Economic and Social Affairs, United Nations, 2017a）．また，2017 年から 2050 年までの世界人口増加数の約 50％は，エチオピア，ナイジェリア，コンゴ民主共和国，タンザニア，ウガンダ，インド，パキスタン，インドネシア，アメリカ合衆国の 9 カ国に起因すると予測されている．エチオピアではすでに急激な人口増加が見られており，例えば 2000 年から 2015 年にかけて 6,650 万人から 9,987 万人に急増している（Population Division of the Department of Economic and Social Affairs, United Nations, 2017b）．こうした急激な人口増加が現在から将来にかけて見込まれる中で，国民生活の質的向上に向けて公衆衛生の改善[3)]がエチオピアにおける喫緊の課題となっている（CMHS, 2015）．

公衆衛生の改善に向けては，インフラ整備や国民に対する衛生教育の充実化など求められる取り組みは多岐に渡る．その中で，南エチオピア地方では公衆衛生の改善に取り組む高度人材不足への対策が主要な取り組み事項の 1 つとなっている．その実現に向けて，国内の高等教育機関に対する人材育成への社会的ニーズが高まっているが，教育・研究環境の整備や人材育成に従事する教育・研究者の育成などの様々な課題があり，その自助努力だけでは人材育成をおこなうことが難しい現状がある（CMHS, 2015）．そのため，エチオピアでは外国の政府機関からの支援や高等教育機関との教育・研究パートナーシップに期待が寄せられている．

その1つの事例として，ノルウェーとの高等教育パートナーシップがあげられる．ノルウェー政府は外務省直轄のNorad（the Norwegian Agency for Development Cooperation）を通じて，20世紀後半から発展途上国[4)]に対する開発支援をおこなっている．例えば，高等教育における教育・研究支援に関する代表的な取り組みとして，1991年から2011年まで実施されたNUFU（Norwegian Programme for Development, Research and Education）があげられる．NUFUは，Norad と SIU（Norwegian Centre for International Cooperation in Education[5)]）により，ノルウェーの大学と発展途上国の大学との共同研究の推進や大学院課程の教育・研究活動，大学運営および技術スタッフの育成などを支援する助成プログラムである（SIU, 2006）．また，2006年から2010年まで実施されたNOMA（Norad's Programme for Master Studies）は，発展途上国の大学の修士課程設置を支援するとともに，学生に対する奨学金を提供することで，現地での専門人材の育成および研究力の向上を図る助成プログラムである（SIU, 2007）．

今回調査したSENUPHはNUFUとNOMAの両者を統合する形で2012年に施行されたNORHED（the Norwegian Programme for Capacity Development in Higher Education and Research for Development）に採択されている．図5.1にNORHEDの概要を示しているが，その主な特徴として次の3点があげられる．第一に，支援対象領域として，教育・人材育成，衛生，天然資源管理・気候変動・環境，民主的・経済的なガバナンス，人文・文化・メディア・コミュニケーション，南スーダンの開発支援の6領域があり，このいずれかに関連する高等教育機関のパートナーシップに対して助成をしている．第二に，6領域全てに共通して，ジェンダー格差の改善への取り組みが必須事項とされている．第三に，助成期間中の一過性の連携でなく，2030年までの中期的な効果と2050年までの長期的な効果を見据えた連携を推奨しており，採択プログラムの継続性が重視されている．

2012年度の施行後，計50プロジェクトに対して総額7.56億ノルウェー・クローネ（約98.28億円[6)]）が拠出されている（Jávorka *et al.*, 2018）．その中の1つがSENUPHであり，1,550万ノルウェー・クローネ（約1.95億円）の助成を受け

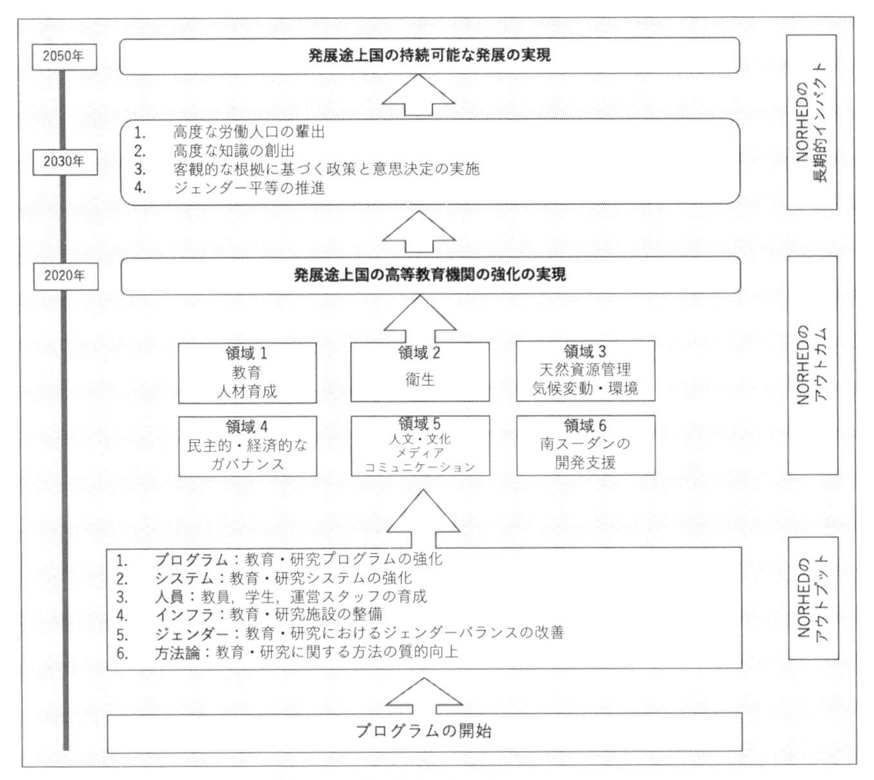

図 5.1　NORHED の概要
（出典：Norad（2015b）を基に筆者作成）

ている（Norad，2015a）．

5.3　SENUPH のフレームワーク

南エチオピア地方には，約 50 の民族からなる約 1,600 万人の人口がいる．近年は地球温暖化の影響がありマラリアなど感染症リスクが高まっている地域だといわれている（CMHS, 2015）．公衆衛生に関するインフラ整備の遅れや公衆衛生に関する知識や情報が民族によっては十分に浸透していないこともあり，合計特殊出生率が高い一方で，早産や新生児死亡，小児栄養失調が深刻な問題となっている（CMHS, 2015）．

こうした現状を受け，SENUPH では現地で公衆衛生の改善に取り組む高度人材の育成のため主に以下の取り組みを掲げている.

① 南エチオピア地方の公衆衛生に関する修士課程・博士課程教育プログラムの質的・量的改善
② 博士課程における指導教員の養成
③ 修士課程・博士課程における女子学生の増加
④ 南エチオピア地方の大学間ネットワーク形成による教育・研究の国内連携の促進および研究成果の公的機関への共有

この4つの達成に向けて, SENUPHで連携を組む5大学において有機的な役割分担が企図されている. まず, すでに公衆衛生学の修士課程を設置しているハワッサ大学を教育・研究の拠点として新たに博士課程を設置し, ベルゲン大学がハワッサ大学の教育・研究力の向上に向けて直接的な連携をする. また, ディラ大学に生殖健康学 (Reproductive Health), ウォライタソド大学に栄養学 (Human Nutrition), アルバミンチ大学に医療昆虫学 (Medical Entomology and Vector Control) の修士課程を設置し, 各大学の修士課程を修了した学生がハワッサ大学の博士課程に進学できる仕組みをつくることで, 南エチオピア地方において自立的に公衆衛生分野の高度人材を育成するためのネットワークを形成する. なお, 上記3大学の修士課程における専門分野の選定にあたっては, 公衆衛生分野の中でも現地で優先度の高い学問分野を選んでおり, 現地の状況を反映した教育・研究をおこなう狙いがある. また, SENUPHで蓄積された研究成果は, 南エチオピア地方の地域保健局と共有することで, 公衆衛生の現場で活用することも視野に入れられている.

5.4 共同博士課程プログラムの特徴

この共同博士課程プログラムは, ベルゲン大学医歯学部国際保健センター (Center for International Health of the School of Medicine and Dentistry of the Department at University of Bergen) とハワッサ大学医学・健康科学部 (College of Medicine and Health Sciences at Hawassa University) とで共同運営されている. 2015年度からプログラムを開始し, 初年度は7名, 2016年度に9名, 2017年度と2018年度に各2名の入学者を受け入れ, 2018年8月時点で計20名の学生が在籍している. このうち, NORHEDで求められているジェンダーバランスについては，男子学生11名に対して女子学生9名とほぼ均等となっている．教育課程は，ECTS[7)]30単位分のコースワークと学位論文の執筆で構成されており，標準で3年間のプログラム（最長在籍可能期間は6年間）で，修了者にはDoctor of Philosophyが授与される．

このプログラムの主な特徴として，教育課程，ベルゲン大学への留学，教員構成の3点があげられる．第一に，教育課程については，表5.1の通り博士課程1年次に合計5科目（23単位）が設定されているが，そのうち2科目がハワッサ大学，3科目がベルゲン大学で開講されている．学生はハワッサ大学にて開講されている「Research Tools and Theory（6単位）」を導入科目として履修し，博士課程における研究活動に不可欠な研究理論，研究手法，批判的思考等の基礎を学ぶ．その他の科目については，指導教員との相談の上で履修科目を検討する．その後，2年次から3年次にかけては研究活動のアウトプットを重視した教育内容となっており，「Research Seminars on Multivariate Methods（2単位）」と「Scientific Presentations（6単位）」を履修する．前者は，学生が自分の博士論文に用いるデータ解析に関する発表をすることで単位取得ができる科目である．後者は，学生が教育活動や研究活動を実際におこなうことで単位取得ができる科目である．具体的には，国内学会での発表が1ECTS（最大3回発表で3ECTSまで），国際学会での発表が2ECTS（最大3回発表で6ECTSまで），修士課程ないし学士課程での講義担当が講義1回あたり1ECTS（最大3回講義担当で

表5.1　共同博士課程プログラムのコースワーク表

年次	科目名	開講大学	必修／選択	単位数
1年	Research Tools and Theory	ハワッサ大学	必修	6単位
	Biostatistics and Basic Epidemiology	ハワッサ大学	選択	5単位
	Observational Epidemiology：Survey, Cohort and Case-Control Studies	ベルゲン大学	選択	5単位
	Experimental Epidemiology	ベルゲン大学	選択	5単位
	Applied Economic Evaluation in Health Care	ベルゲン大学	選択	2単位
2年	Research Seminars on Multivariate Methods	ハワッサ大学	選択	2単位
	Midway Evaluation	ハワッサ大学または ベルゲン大学	必修	1単位
3年	Scientific Presentations	実践学習	必修	6単位

＊上記から合計30単位履修が必要　（出典：CMHS，2015を基に筆者作成）

3ECTS まで），博士論文とは異なるトピックを扱った学術論文の発表が1本あたり 1ECTS（最大2回発表で 2ECTS まで）となっており，これらから合計 6ECTS 取得することが求められている[8)]．こうした学会発表の場を学生に提供するため，ベルゲン大学が NORHED およびノルウェー研究協議会（The Research Council of Norway）の助成プログラムである Global Health and Vaccination Research（GLOBVAC[9)]）からの助成金を用いてノルウェーとアフリカ域内での学会開催を支援している（The Research Council of Norway, 2018）.

第二の特徴は，ベルゲン大学への留学である．先進国と発展途上国の大学間パートナーシップにおいては，先進国での先端的な教育を受ける機会を提供するため，発展途上国の大学の学生が先進国の大学へ留学する場合がある．その場合，留学した学生が卒業後も出身国に帰国せず先進国でのキャリア形成を望み，結果的に発展途上国の優秀な人材が先進国に流出する，いわゆる頭脳流出を促す要因となることがある．この共同博士課程プログラムでも，授業履修と博士論文の作成においてハワッサ大学の学生がベルゲン大学に留学することが求められているが，頭脳流出に対して次の2点の対策を講じている．まず，博士論文の執筆に際するデータ収集はエチオピア国内でおこなうことが求められている．そのため，学生は在学期間中の大半はエチオピア国内で研究活動することが必然となる．次に，ベルゲン大学への留学期間は最大3ヶ月間（1年次の授業履修で2ヶ月間，博士論文の最終原稿の仕上げと口頭試問に1ヶ月間を想定[10)]）に限定している．ノルウェー滞在に際する留学奨学金はベルゲン大学の大学院生が学習・生活支援として受給する奨学金と同等の金額[11)]を支給し，留学後の帰国を必須化している．なお，この共同博士課程プログラムではコースワークの修了認定を受けてから博士論文のデータ収集や執筆をおこなう Ph.D.Candidate 制は採用されていないため，学生は指導教員との相談の上，1年次から博士論文に関する活動をおこなうことが可能である．

第三の特徴である教員構成については，6名のハワッサ大学の教員と4名のベルゲン大学の教員が中心となってコースワークを担っており，この4名のベルゲン大学の教員はハワッサ大学でも授業を受け持っている．その一方で，ベルゲン大学での授業は全てベルゲン大学の教員によりおこなわれている．また，博士論文をはじめとする研究指導は6名のベルゲン大学教員が担っており，学生がハワッサ大学で学んでいる間はオンラインシステムを用いて研究指導をおこなっている．ただし，この体制はハワッサ大学への教育・研究支援のスタートアップ時期であるためであり，将来的にはハワッサ大学の教員によるイニシアティブを高めていくことが想定されている．

5.5　共同博士課程プログラム設置における課題

以上によって2015年にスタートした共同博士課程プログラムであるが，それを実現させるにあたっては，ハワッサ大学とベルゲン大学との間に存在した次の3つの課題を乗り越えて相互理解を構築することが大きな課題であった．

第一に，教育に対する理念の違いである．ハワッサ大学医学・健康科学部の大学院教育では教員の指導内容を踏まえて学生が研究をおこなうことに重点が置かれている．その一方で，ベルゲン大学医歯学部の大学院教育では教員の指導内容を踏まえながらも，学生が独自の研究を展開していくことが求められる．この違いは，2大学で1つの学位を授与するプログラムを運営する上で最も重要かつ基本的な教育理念に関わる点である．この共同博士課程プログラムでは，南エチオピア地方の公衆衛生分野における課題解決に貢献する人材育成をおこなうという目標を達成するための最適解を模索し，両大学の教員間で指導体制や指導アプローチについて議論を重ねて相互理解を構築している．その結果が，コースワークは両大学の教員が担うものの，博士論文の研究指導はベルゲン大学の教員が担当する教育課程に反映されている．また，コースワークにおいても，博士課程の導入教育科目として「Research Tools and Theory（6単位）」を設定し，全ての学生が先行研究や研究理論，研究手法，批判的思考を学ぶことを必須とする教育課程を設計するに至った．

第二に，学生と教員の関係性の違いである．ベルゲン大学と比較してハワッサ大学では学生と教員の間には指導をする側と指導を受ける側の関係性が強い．その一方で，ベルゲン大学では，両者の関係性は相対的にフラットであり，博士課程学生は若手研究者として位置づけられ，学生が教員と研究活動を協働する機会もある．この共同博士課程プログラムでは，研究指導教員はベルゲン大学の教員で構成されるが，コースワークは両大学の教員によって運営されるため，学生と教員の関係性が授業によって異なる状況が発生する可能性がある．その対策として，この共同博士課程プログラムに関わる学生と教員は，双方の責任と権限を明記したアカデミックコントラクトに同意し，署名する制度を設けることで両者の関係性に混乱を来たすことを防止している．

第三に，研究者育成システムの構築があげられる．教育理念の違いもあり，ハワッサ大学では学生が在学中に主体的な研究活動をおこなう機会はベルゲン大学との比較においてはそれほど多くない．そのため，修了生は調査や成果発表などの研究活動の実践的なトレーニングの機会を十分に得ずに大学教員などの完全なプロフェッショナルとしての立場に置かれる者もいるとのことである．その一方で，ベルゲン大学の医学分野では博士課程修了生の約3〜5%がフルタイムの教育･研究職を得られるとのことで，研究者志望の修了生の大半はポスト･ドクターとしてさらなる研鑽を積むことが求められており，この両大学の若手研究者の育成方針には大きな違いが見られた．今回の調査で指摘された点として，一般的には公衆衛生分野で地域の諸問題の解決に取り組む研究者には，博士課程修了後にさらなる教育・研究活動の経験を積むことが求められるため，若手研究者育成のシステムを整備することが喫緊の課題であったということである．しかし，ノルウェー式のポスト・ドクター制度を導入した場合は，エチオピアの学生にとっては博士課程修了後の就職という点で大きなデメリットと捉えられる可能性があることも検討すべき点であった．これを踏まえ，ベルゲン大学とハワッサ大学の双方の若手研究者の育成方針を尊重する形で，本共同博士課程プログラムの中に若手研究者育成システムを取り込み，実践的な研究経験を積むための科目を設定している．それが既述の「Research Seminars on Multivariate Methods（2単位）」と「Scientific Presentations（6単位）」であり，本共同博士課程プログラムの教育課程には両大学が入念に議論を重ねた結果が体現されている．

5.6 持続可能な高等教育パートナーシップ構築に向けて

本調査から，高等教育パートナーシップがSDGsに対して寄与するための1つの形として，連携する当事者である大学関係者や学生などのステークホルダーに対して恩恵をもたらすだけでなく，その恩恵を周辺領域に広く行き渡らせることの重要性が示唆される．今回の調査を通じて分かったSENUPHの最大の特徴は，支援をする側と支援を受ける側でパートナーシップによる効果が完結するのではなく，支援を受けた大学が将来的にはその地域の教育・研究における中心的存在となって支援効果を周辺に波及させ，南エチオピア地方の教育・研究の自立化を実現させることにある．その具体的な計画として，共同博士課程プログラムを通じてベルゲン大学から教育・研究支援を受けたハワッサ大学が地域の 3 大学と連携するとともに，研究成果の地域社会への還元，女子学生のエンパワーメントを実現する．そして，将来的には南エチオピア地方の公衆衛生問題の改善に取り組む高度人材の育成を域内の大学間で自立的におこなう枠組みを実現させることを目指していく．これにより，SENUPH は，SDG Goal 17 にある「すべての持続可能な開発目標を実施するための国家計画を支援するべく，南北協力，南南協力及び三角協力などを通じて，開発途上国における効果的かつ的をしぼった能力構築の実施に対する国際的な支援を強化する（ターゲット 17.9.）[12]」に準ずるパートナーシップの 1 つの形として，SDG Goal 4 のうちジェンダー格差を解消して高等教育への平等なアクセスを実現（ターゲット 4.3.），高等教育の奨学金の件数を大幅に増加（ターゲット 4.b.），教員養成のための国際協力などを通じて，資格を持つ教員の数の大幅な増加（ターゲット 4.c.）への貢献に資する取り組みとなっている．高等教育における国際連携の中には，連携すること自体が優先される協定も見られるが，SENUPH は連携する目的・目標を具体的に設定する重要性を説いているといえよう．

これを実現させるため，SENUPH では次の 4 点の工夫をおこなっている．第一に，ベルゲン大学はハワッサ大学をはじめとする連携 4 大学の教育・研究活動の将来的な自立化を支援する立場であり，連携のオーナーシップはあくまでも 4 大学にあることを明確にしている点である．ここでいう自立化は，SENUPH のミッションである南エチオピア地方における公衆衛生分野の高度人材を育成するための教育・研究活動を 4 大学が主体的におこなっている状態を意味する．例えば，共同博士課程プログラムについては，その運営を全てハワッサ大学のみでおこなう状態を示している．

第二に，パートナーシップを組む当事者の学術的な文化の違いを認識して，その対応策を講じている点である．先進国と発展途上国の大学間連携においては，先進国の大学に教育・研究の先端的な知識や経験が蓄積されていることが相対的に多く，発展途上国の大学に対する支援をおこなう場合には先進国の制度やプログラムを発展途上国に移植するアプローチが選択される場合がある．しかし，移植元と移植先の文化的背景の違いなどを考慮しない移植が想定通り機能しないケースは教育借用の先行研究でも指摘されている（Phillips and Oches, 2003）．この点において，この共同博士課程プログラムでは両大学の教育に対する理念，学生と教員の関係性，研究者育成システムの 3 点における違いを踏まえて，お互いにとって望ましいプログラムを設計するため入念な議論を重ねており，その結果が教育課程に反映されている．異なる文化的背景を有する大学間がパートナーシップを模索する際には，パートナーシップの糸口となる共通部分に注目するだけでなく，差異に対する意識を持ち，その対応策に取り組むことが必要だといえよう．

第三に，パートナーシップにより南エチオピア 4 大学の自立化をかえって阻害する可能性がある要因をあらかじめ想定している点である．特に，支援が教育・研究活動ではなく，プログラム運営そのものを対象とする場合は，支援が運営継続の根幹をなす場合がある．これを踏まえ，ベルゲン大学はカリキュラムの開発，研究活動の資金，研究資材の購入，学会開催，学生への奨学金など教育・研究の充実化に関する内容への支援に特化し，教員人件費や校舎建設などの大規模なインフラ整備には支援していない．これは，教員や大学への直接的な支援は時に政治的な側面が強くなり，自立化を阻害する要因になる可能性があることを踏まえた対応である．

最後に，両大学に相互利益が存在していることである．高等教育パートナーシップの中には，支援対象国や支援対象分野が政府により指定された助成プログラムを受けており，支援をする側はある意味で政府の外交的意図を汲んだ支援をおこなっている場合がある．この場合，当事者である大学にとっては連携により生み出される利益よりも負担が大きくなり，支援をする側と支援を受ける側で取り組みに対する温度差が生じることがあり得る．SENUPH ではパートナーシップを組む当事者間で生み出させる相互利益が認識されている．具体的には，ハワッサ大学にとっては博士課程プログラムの設置，ディラ大学，ウォライタソド大学，アルバミンチ大学については修士課程プログラムの設置が可能となり，大学としての短期的な利益が明確な上，長期的には地域の公衆衛生問題の改善に取り組む高度人材の育成を域内の大学で自立的におこなう枠組みの構築に寄与できる．ベルゲン大学にとっても，南エチオピア地方の公衆衛生分野の教育・研究活動におけるプレゼンスの向上や，現地政府，教育・研究関係者や次世代を担う学生とのネットワーク強化につながることが大きな魅力となっている．こうした理念的だけではなく実質的な相互利益の構築が連携を機能させるために重要であるといえよう.

注と参考文献

本章は, 花田真吾（2019）「高等教育連携における学術文化の差異へのアプローチ：ノルウェーとエチオピアの連携を事例に」, 比較文化研究, **136**, pp.1–11 を本章タイトルをテーマに再構成したものである.

1） 外務省仮訳から引用.
https://www.mofa.go.jp/mofaj/gaiko/oda/sdgs/pdf/000101402.pdf
2） 外務省仮訳から引用.
https://www.mofa.go.jp/mofaj/gaiko/oda/sdgs/pdf/000101402.pdf
3） 原文は intervention だが, ここでは文脈を踏まえて改善と表現している.
4） ノルウェー政府は, Low and Middle Income Countries（LMIC）, Developing Countries または South という表現を使っている.
5） Norad が財源, SIU が運営を担当. その後, SIU は, the Norwegian Agency for Digital Learning in Higher Education（Norgesuniversitetet）, the Norwegian Artistic Research Programme（PKU）と統合され, 現在は The Norwegian Agency for International Cooperation and Quality Enhancement in Higher Education（Diku）に組織改編されている.
6） これ以降, 日本円で記載している金額は, 1 ノルウェー・クローネ＝13 円で換算.
7） European Credit Transfer System（欧州単位互換制度）の略称. 欧州各国間での単位システムを統一し, 他大学で取得した単位互換を簡略化する制度.
8） そのうち, 国内および国際学会での発表を各 1 回おこなうことが強く奨励されている.
9） 保健分野におけるノルウェーと発展途上国の研究機関の共同研究に対する助成プログラム.
10） 博士論文の口頭試問の実施はハワッサ大学でも可能であるが, 一般的にはベルゲン滞在中にベルゲン大学にておこなう場合が多いことが想定されているとのこと.
11） 2018 年度は, 1 ヶ月 8,000 ノルウェー・クローネ. 日本円で約 10.4 万円.
12） 外務省仮訳から引用.
https://www.mofa.go.jp/mofaj/gaiko/oda/sdgs/pdf/000101402.pdf

・Adams, J., King, C. and Hook, D.（2010）: *Global Research Report: Africa*. Leeds, UK: Thomson Reuters.

・African Union Commission（2006）: *Second Decade of Education for Africa Action Plan*（*2006–2015*）. Addis Ababa, Ethiopia: African Union.

・College of Medicine and Health Sciences of the School of Public and Environmental Health at Hawassa University（2015）: *A Joint Doctor of Philosophy*（*PhD*）*degree*（*in Public Health*）*with the University of Bergen, Norway Study Curriculum*. Hawassa, Ethiopia: Hawassa University and University of Bergen.

・Jávorka, Z., Allinson, R., Varnai, P. and Wain, M.（2018）: *Mid-term Review of the Norwegian Programme for Capacity Development in Higher Education and Research for Development*（*NORHED*）. Norad Collected Reviews 03/2018. Technopolis Group.

・Jowi, J. O., Obamba, M., Sehoole, C., Barifaijo, M., Oanda, O. and Alabi, G. (2013): *Governance of higher education, research and innovation in Ghana, Kenya and Uganda. Programme on Innovation*. Paris, France: Higher Education and Research for Development at Organisation for Economic Co-operation and Development.

・Norad (2015a): Universities to improve maternal health. Retrieved February 1, 2019 from https://norad.no/en/front/funding/norhed/projects/south-ethiopian-network-of-universities-in-public-health-senuph/

・Norad (2015b): *A Presentation of NORHED*. Oslo, Norway: Norwegian Agency for Development Cooperation (Norad).

・ORPC & OSHD of African Development Bank Group (2008): *Strategy for Higher Education Science and Technology*. Tunis, Tunisia: Operations Policies and Compliance Department (ORPC) Human Development Department (OSHD) of African Development Bank Group.

・Population Division of the Department of Economic and Social Affairs, United Nations (2017a): *World Population Prospects: The 2017 Revision, Key Findings and Advance Tables. Working Paper No. ESA/P/WP/248*. New York, NY: United Nations.

・Population Division of the Department of Economic and Social Affairs, United Nations (2017b): *Total population (both sexes combined) by region, subregion and country, annually for 1950–2100 (thousands)*, Retrieved February 1, 2019 from
https://esa.un.org/unpd/wpp/DVD/Files/1_Indicators%20(Standard)/EXCEL_FILES/1_Population/WPP2017_POP_F01_1_TOTAL_POPULATION_BOTH_SEXES.xlsx

・South Ethiopia Network of Universities in Public Health (SENUPH). *Universities to improve maternal health*. Retrieved February 1, 2019 from
https://www.uib.no/en/globpub/79031/south-ethiopia-network-universities-public-health-senuph

・SIU (2007): *NOMA-NORAD'S PROGRAMME FOR MASTER STUDIES*. Bergen, Oslo: Norwegian Centre for International Cooperation in Education (SIU).

・SIU (2006): *NUFU-THE NUFU PROGRAMME-PARTNERSHIP IN RESEARCH AND EDUCATION*. Bergen, Oslo: Norwegian Centre for International Cooperation in Education (SIU).

・The Research Council of Norway (2018): *Global Health and Vaccination Research (GLOBVAC)*. Retrieved February 1, 2019 from
https://www.forskningsradet.no/prognett-globvac/Home_page/1224697869238

・The Task Force on Higher Education and Society by the World Bank (2000): *Higher Education in Developing Countries Peril and Promise*. Washington, DC: International Bank for Reconstruction and Development/World Bank.

・United Nations (2019): *The Sustainable Development Agenda*. Retrieved February 1, 2019 from
https://www.un.org/sustainabledevelopment/development-agenda/

・United Nations Development Programme (2019): *Sustainable Development Goals*. Retrieved February 1, 2019 from
https://www.undp.org/content/undp/en/home/sustainable-development-goals.html

6. SDGs 達成に必要不可欠な ICT

6.1 はじめに―SDGs 達成は可能か―

ミレニアム開発目標（MDGs）が政府による取り組みを主としていたことに対し, 2015 年 9 月に国際社会が合意して開始された「持続可能な開発目標（SDGs）」では, 民間企業や非政府機関（NGO）の役割拡大なども大きく期待されており, MDGs からの大きな進化として官民協働パートナーシップの促進も大きな特徴のひとつとなっている. 一方, 2030 年を年限として 15 年間をかけて達成を目指す野心的目標である SDGs ではあるが, 開始から 3 年が経過している現況において, その先行きについて早くも厳しい見通しが指摘され始めている.

2018 年 9 月 17 日にアルゼンチン国ブエノスアイレス市で開催された T20 会議にて, SDSN[1)] が発表した「SDGs Index and Dashboards Report 2018―Global Responsibilities」[2)] の内容は, 開発関係者にとって少なからず衝撃的であった. 同報告書は, MDGs および SDGs の取りまとめに深くかかわった米国コロンビア大学のジェフリー・サックス教授も監修しているが, SDGs が開始されて約 3 年が経過したにもかかわらず世界中の多くの国で開発目標達成見通しは全般に低く推移しており, 現状の改善なくこのまま開発が進んだ場合には, SDGs 達成は困難であると言わざるを得ない内容であり, SDSN は強い危機感とともに同報告書を世界に向けて広く発信した.

そもそも SDGs は, 我が国を含むすべての国連加盟国において, 持続可能な開発による世界の実現を目指すうえで究極的かつ包括的な目標であると言えるが, 前身である MDGs では目論見通りに達成し得なかった目標が複数受け継がれていることも事実であり, 過去の経済開発や貧困削減手法をそのまま踏襲していても対応しきれなかった課題, 例えばアフリカの乳幼児や妊産婦の死亡率について,構造的な課題をどのように打破していくかが宿題として残っている．換言すれば，開発途上国支援にかかわるすべての関係者が旧態依然とした考え方や取り組み方法を続けていても目標は到底達成し得ない，すなわち過去のやり方を踏襲するだけでは2030年までに持続可能な世界を実現することは困難であり，同報告書は世界中が大きな発想と行動の転換を図らない限り，SDGs達成は不可能であることを強く指摘していた．

それでは，SDGs達成を実現に導く「大きな発想と行動の転換」とは，具体的にはどのようなものが考えられるのであろうか．

近年，情報通信技術（ICT）の進化はまさに日進月歩であり，携帯電話がアフリカなどでも急速に普及しているのは周知の事実である．インターネットの世界的な普及によって，パソコンやスマートフォンをインターネットに接続して時空を超えて新しいビジネスを興し，市場に参入する開発途上国の人々も増加し続けており，このような潮流はSDGsにとっては正の効果をもたらし得ると考えられている．特に，時空を超えて世界をつなぐ国際公共財としてのインターネットの役割と効用，そしてさらなる貢献への期待が，SDGsではゴール9（イノベーション）などにより明示されたことで，サブサハラ・アフリカのようにMDGs達成度の低い地域がインターネットを利活用して従来にはない一足飛びの開発を追求すること，すなわちリープフロッグ（かえる跳び）的な開発を追求し，実現および一般化していくことはきわめて重要であるという考え方が，国際社会ではもはや一般的になっている．MDGsの結果を通じて，目標達成に構造的課題を抱えていることが明白になった国・地域は，まさにインターネットをはじめとしたICTの利活用に代表される非伝統的な考え方と行動でリープフロッグすることが望まれており，何より当事国・地域がそれを望んでいるのも実態としてある．

このように，MDGsの教訓から生まれた「誰ひとり取り残さない」ことを目的としたSDGsが全世界の共通目標となった中で，国際協力においてもICTを効果的に利活用することでリープフロッグを可能とする開発を実現している事例が，アフリカをはじめとする開発途上国・地域で増加している．

本章では，SDGs達成に強い危機感が共有されている中において，近年の革新的なICT利活用によって開発効果を最大化している事例を報告することを通じて，当該開発アプローチがSDGs達成に有効であり，なおかつ必要不可欠であることを，仮説として論じることを試みる．

6.2　ICT 利活用による非伝統的な開発事業とその効果

前節で引用したSDSNによる報告書が指摘した内容として，経済協力開発機構（OECD）加盟先進国ではゴール12（生産・消費），13（気候変動），14（海洋資源）が，一方で開発途上各地域ではゴール番号9（イノベーション）や14などが共通的に，進捗の度合いとして「著しく不足（Highly Insufficient）」と評価された．さらには，特にアフリカや中東地域などで，ゴール3（保健）や10（不平等），そして16（平和）に関する著しい進捗不足も指摘されており，抜本的な取り組みの変容が必要であることが明白になっている．

最貧地域であるアフリカの開発の促進とSDGs達成は，もはや不可分であると考えられる中で，前述のとおりゴール3や10，さらには16のような基本的人権や人間生活に必要不可欠な側面において進捗が著しくない現状は，SDGs達成のみならず，根本的なアフリカ開発の先行きにも大きな危機感を感じざるを得ない．

この危機感は，これまでに適用されてきた伝統的な開発手法について，それを否定しないまでも，それだけでは不足であること如実に示している．

かかる状況の中で，基本的人権や人間生活に必要不可欠な側面にかかる開発ニーズに対してSDGsの達成をひとつの基準として活用することは，伝統的な開発手法のみを踏襲する場合における到達見込みレベルと，当該基準達成レベルと

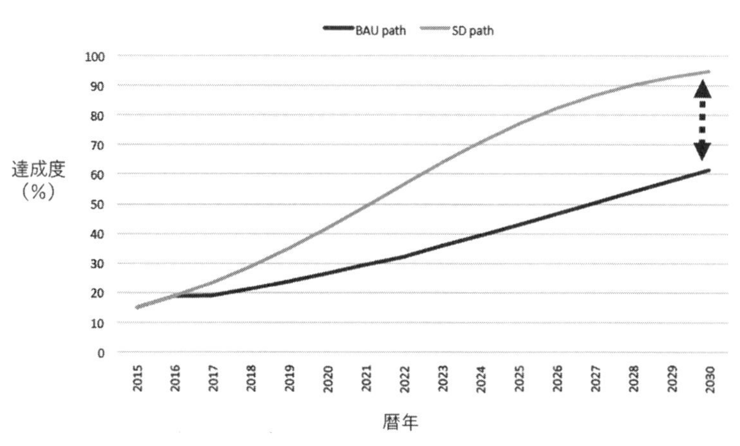

図 6.1　SDGs 達成に必要な道程と伝統的な開発手法のみに依存した道程の差
（出典：「ICT and SDGs」（コロンビア大学）をもとに筆者作成）

の差を認識することにつながる（図 6.1）.

すなわち，両レベルの差を論理的に埋めるためには，非伝統的な何らかの梃子（レバレッジ）が必要であると考えられ，それは過去には採用されてこなかった非伝統的な開発アプローチ，ということが考えられる．このような論理を支え得る，ICT を効果的に利活用して社会実装されている革新的な開発事例を，以下にて紹介・解説する.

6.2.1 自動航行ドローンを用いた保健分野への画期的な貢献

東アフリカの小国ルワンダで,ドローンが尊い人命を救うことに貢献している.「千の丘の国」とも表現される同国は，その名のとおり丘陵地域が続く風光明媚な地形を有している．都市部は舗装道路が増加しているが，地方部では未舗装道路が依然多く,地方病院へ医薬品などを運ぶコストは大きな負担になっている.

かかる困難に対して，米国発スタートアップ企業であるジップラインは，GPS（全地球測位システム）を活用して事前プログラミングされた空路を自動運航するドローン（無人航空機）を用い，四輪駆動の自動車でも 4 時間かかる首都から地方病院への輸血用血液の運搬を，ドローンによって 15 分程度で正確かつ安全に行っている．同社はルワンダ保健省と正式に運搬契約を締結しており，2017 年の年間飛行回数は 1,400 件超を記録し，うち 25% が緊急事態対応であり，尊い人命を多く救っているばかりでなく商業ビジネスとしても見事に成功させている．驚くことに，現地の運営はほぼすべてがルワンダ人スタッフのみで行われて

図 6.2 輸血剤搬送のため発射準備中のジップライン社ドローン（ルワンダにて 2017 年 5 月 11 日筆者撮影）

おり，2018 年末までに一度も墜落を含む事故を起こしていない．

自動運航ドローンは，アフリカのように物流網の整備が不十分な地域で大いに能力を発揮する．ジップラインのみならず，タンザニアではドイツの国際輸送物流企業である DHL が国際協力公社（GIZ）からの支援を受けて，同様の自動運航ドローンによる国内離島への医薬品運搬の実証試験を行っている．日本からも，航空宇宙関連ベンチャー企業スウィフト・エックスアイや ICT 大手の楽天を含む複数のドローン･サービス提供企業が，ルワンダをはじめとするアフリカの国々で商業ドローン・サービスを展開すべく実証試験を進めている．

MDGs 期間中には，HIV／エイズ感染者やマラリア感染者，結核感染者などがそれぞれの対策により減少に至った．一方で，道路などの基本インフラが整備されていないために血液や医薬品が届かずに救えなかった命については，正確な統計は存在しない．ジップラインの取り組みに代表されるように，過去にはなかった全く新しい取り組みである「自動運航ドローンによる物流改善」という革新的な課題解決は，まさに技術革新と発想の転換が生んだリープフロッグの代表と言える．

6.2.2 最貧国無電化地域で電子マネーを普及させる日本企業

ひとり当たり GDP が 426 米ドル（2017 年，IMF）と，最貧国レベルにあるモザンビークは，高い失業率（24.5%：2017 年：世界銀行）やインフレ率（15.32%：2017 年：IMF）に陥っている．天然ガスや石炭などの自然資源に恵まれ，1990 年代後半以降は年平均 8% 程度の高い経済成長率を記録していたが，近年は 2016 年に発覚した非開示債務問題による財政危機，通貨急落などの影響を受け，マクロ経済状況は芳しくない．日本へ輸出しているエビを含め，農林漁業が活発であるにもかかわらず，国民が慢性的な栄養不足の状態にある．

このような厳しい経済状況にある同国において，未電化農村地域で非食用植物であるヤトロファを栽培し，そこから精製されるバイオディーゼル燃料による発電機を動かし，充電した電気ランタンを個別に村民に貸し出すビジネスを営み，さらには関連する資金のやり取りをオフラインでも管理可能な電子マネー決済システムとしてゼロから導入した農民向けビジネスを行う日系企業がある．

2000 年創業の日本植物燃料株式会社（NBF）は，2006 年以降に複数の日本政府からの委託調査事業を経て，上述の電気ランタン貸し出しという「エネルギーの提供ビジネス」をモザンビークのカーボ・デルガード州で開始し，その後国際協力機構（JICA）の支援により売り上げ管理のための電子マネーシステム導入を日本電気株式会社（NEC）の協力も得て導入した.

NBF は当初，電気ランタン貸し出し事業を周辺農民相手に現金でやり取りしていたが，2012 年に設立した現地法人では現金管理で最大 3 割もの現金喪失が発生して問題になっていた．喪失の原因は様々だったが，現地担当者による電卓での計算間違いや少額の横領などが認められた.

このような現金喪失問題を解決すべく，NBF は NEC が開発した停電などでオフラインになった場合でも機能する決済システム（タブレット端末，IC カード，カードリーダーの 3 種セット）を現地へ持ち込み，電気ランタンを貸し出す基地であるキオスクにシステムをセットし，バイオディーゼル燃料の素となるヤトロファを栽培する農民に対して支払いを電子マネー化し，IC カードに書き込んで提供し始めた．この結果，現金の行き来がなくなったために，NBF の現地法人における最大 3 割もの現金喪失はわずか 1% 以下にまで急改善された.

NBF はその後，国連食糧農業機関（FAO）がモザンビーク向けに行っている

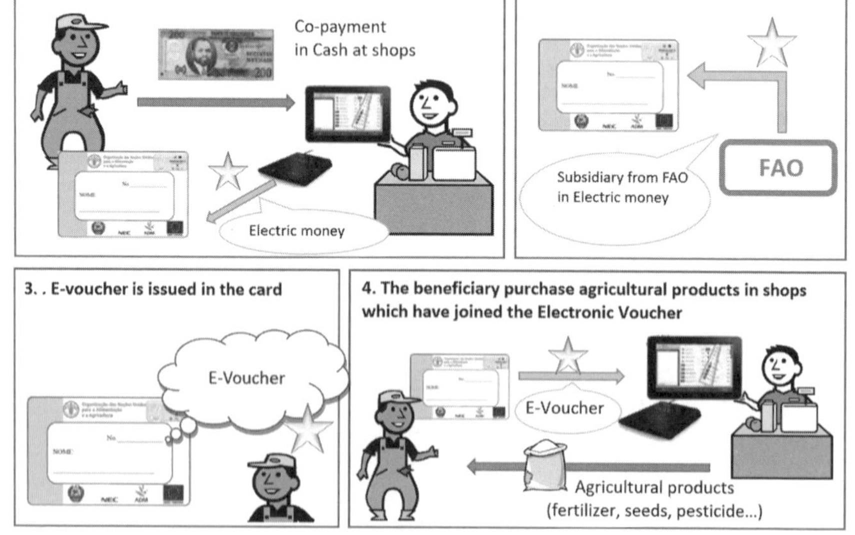

図 6.3　NBF が FAO と共同で取り組む電子バウチャー・モデルの概要図
（出典：日本植物燃料株式会社）

資金協力プログラムとも連携し，FAO が NBF の電子マネーモデルを活用することで銀行口座を持たない農民にも公平に肥料や種子を購入するための資金を電子マネー化して分配することが可能となり，その便益は 25,000 人に及んだ（図 6.3）．さらには，世界銀行が融資した電子バウチャー事業にも参画し，同社の電子マネーモデルが同国内の貧困層 10 万人近くに裨益することが見込まれている．

6.2.3　アフリカの ICT イノベーション・エコシステム強化を支援する

前述のとおり，開発途上各地域では共通的に，ゴール 9（産業と技術革新の基盤をつくろう）の進展が芳しくないと報告されている．特にサブサハラ・アフリカ地域では，かつて東南アジア地域が成功裏に歩んだ工業化の軌跡をそのまま追うことは，地政学的にも社会条件的にも決して容易ではない．汚職の蔓延，教育水準の低さ，地政学的に不利な状況等々を踏まえ「アフリカの生産環境は，労働集約型産業や中小企業にとってはきわめて不利なのである[3]」との厳しい指摘もあり，工業化はアフリカにとって最も必要でありながら，現実的には最も難しい分野のひとつとも言える．さらには，域内において最も多くの就業人口を抱える農業においても「緑の革命[4]」が起こっていないところ，アフリカ域内で製造業を含む第二次産業が SDGs 期間内に急速に発展し大規模な雇用を創出できるようになるとは，現時点では想定し難いと言わざるを得ない．

かかる状況において，雇用の受け皿のみならず，域内経済を大きく進化・発展させることが期待されているのが，非伝統的な産業としての ICT 関連産業，もしくは ICT を既存産業へ積極活用することで新たな雇用機会を創出することである．特に，域内の契約件数が人口比 8 割にまで急増している携帯電話通信と，同通信経由でのインターネット利用率（人口比 3 割）の急速な伸びと共に急増している ICT スタートアップおよびその周辺サービスは，過去には存在しなかった新たな雇用および経済成長の担い手として，官民双方から大きく期待を寄せられている．

JICA は，アフリカ域内で 2000 年から「ICT 立国」を国是として標榜しているルワンダに対し，根本的に不足している電力や農業の付加価値化などを支援しつつ，2010 年から現在に至るまで継続的に ICT 分野における支援を行っている．特に 2017 年からは，ルワンダ政府の第 4 期国家 ICT 戦略・計画の実行を直接的に支援すべく，「ICT イノベーション・エコシステム強化」プロジェクトを開始し，同国内で隆盛を誇る ICT スタートアップが世界中から投資先として見なされるレベルに成長することを直接支援し，最終的に同国 GDP における ICT セクターの寄与度を 2020 年までに大きく向上させることを目指している．

ルワンダが日本政府へ ICT 分野にかかる国際協力支援を要請したのは，2008 年の第 4 回アフリカ開発会議（TICAD4）頃に遡る．これ以降，JICA が実施する ODA を通じて継続的に政策助言や人材育成，投資環境整備支援などを行ってきている．両政府の共同事業である「ICT イノベーション・エコシステム強化」プロジェクトは，自然資源に乏しく内陸国であるが故に製造業の誘致や育成が容易でないルワンダにおいて，ICT を活用した若者の起業と関連産業の育成に着目し，非伝統的な雇用の受け皿を創生すべくルワンダ政府の意思を最大限尊重し協力を実施している．2019 年 1 月には直接育成対象の 5 社を日本に招き，東京，神戸，福岡で本邦 ICT 企業や投資家と交流を促進し，民間レベルでの協調が既に始まっている．

ルワンダの「ICT 立国」政策とその実行成果は，今や世界中に知られている成功教訓となっており，その中心に寄り添う当該プロジェクトでは成功教訓を他アフリカ諸国に共有していくことも促進しており，他国がこれを応用することにより域内全体の経済発展を促進し，ひいては SDGs 達成への貢献も目論んでいる．

6.3 SDGs 達成を目指した ICT 利活用の方向性

前述のとおり，SDGs 達成への見通しに対しては，既に厳しい指摘がなされている．過去の開発手法を踏襲しているだけでは，2030 年までに持続可能な社会は到底実現し得ないと警笛が鳴らされ，このままでは格差と貧困は狭まるどころか拡大し，自然資源は枯渇や破壊に直面し，ひいては人間社会に大きな負の影響が及ぼされ，総体的に持続可能性を担保することが出来なくなる．

したがって，非伝統的な開発手法を創造的に試行・実装し，一方でいたずらに機械化に依存することなく，持続可能な循環型社会を強く意識したうえで SDGs 達成を目指すためには，過去の成功体験にとらわれない革新的な知恵と能動的な行動が何より必要であり，革新的な技術の開発や有効的な活用は，とりわけ重要な手段として非伝統的な開発を促進することに貢献すると考えられる．

前節で報告した事例はいずれも，世界における好事例のわずか一部に過ぎないが，ICT に関する取り組みが開発効果の最大化に大きく貢献していることは共通であり，その非伝統的なアプローチは教訓として特筆すべきものばかりである．

NBF によるモザンビークの無電化農村地域における電子マネーに関する取り組みは，もはや経済活動の電子化は先進国だけのものでないことを如実に証明している．同社は，オフラインでも決済管理をデータとして貯めておくことが可能な NEC のシステムを活用しつつ，肝心な銀行と同社の間における資金管理のやりとりは同国内銀行のインターネット・バンキングを使用している．すなわち，必ずしも電気や高速インターネットが農村地域にまで届いていなくても，ヤトロファから精製されたバイオディーゼル燃料もしくは太陽光電池があり，近隣地域まで携帯電話通信が届いていれば，電子マネーを活用してキャッシュレスによる経済活動が非電化地域農村でも可能であることを証明している．この画期的な実証・実装事例は，多くの SDGs 目標達成に資する可能性を示しており，最貧国における ICT の利活用は SDGs の達成に革新的に貢献し得ることを我々に教えている．

ジップラインの事例も，これまで統計に表れていなかった「救えたはずの人々」をデジタル制御された自動航行ドローンが救っているという事実において，SDGs のゴール 3（保健）という重要な目標の達成に，ICT が大きく寄与することをわかり易く証明している．

さらには，JICA によるルワンダの ICT イノベーション・エコシステム強化の事例は，過去に我々が見た東南アジアの工業化に関する成功の軌跡を，同様にアフリカが成し遂げていくということが容易ではないと考えられる中で，ICT という新しい産業および関連サービスが過去にはなかった雇用や起業の機会をアフリカの若年層に与えており，その機会の中で若者たちが未来志向で ICT スキルや知識を身に着けるために日々努力していることが，自らの未来を切り拓くという自立発展性の視点からも大変重要な支援枠組みであることを示している．

各事例はいずれも，対峙している開発課題自体は真新しいものではなく，貧困撲滅やエネルギー提供（NBF），保健（ジップライン），イノベーション（ルワンダ ICT）など，ICT の利活用を前提とせずとも対峙しなければならない根本的な社会課題である．しかしながら，もしも当該各事例が ICT の視点を取り入れなかった場合，モザンビークでは相変わらず現金喪失が発生している可能性は高く，ルワンダの地方病院へ物資を運搬するコストは減っておらず，そして若者たちがICT で世界を市場に見据えて起業に挑戦していくという挑戦の機会を得ることは相当先の未来になってしまったかもしれない.

この文脈において，ICT はまさしく社会課題を非伝統的な速度と手法で解決することに近づけるイネーブラー (enabler) である. 逆説的には, SDGs の各ゴールに代表される開発課題を解決することを考える場合に，イネーブラーである ICT を利活用することを主題として開発課題の解決に取り組むことは主従が逆転している考え方であり，基本的には誤りと言えよう. あくまで，開発課題の解決が主であり，課題の原因を掘り下げて探求し，その先にイネーブラーたる ICT を従として適用可能性を検討し，利用者の置かれている状況を可能な限り正確に把握したうえで，想定裨益者のオーナーシップを尊重して支援枠組みを最終化していくことが，開発課題の解決には何より肝要である.

6.4　持続可能性検討に関する留意点

SDGs 達成に貢献する ICT の利活用に関し，その設計や適用に際して事前に熟慮すべき要点のひとつに，中長期的な持続可能性に関する慎重な検討がある. この際，持続可能性を左右する要因には，大きく分けて 2 つあると考えられる. ひとつは，対象とする開発課題（目的）に対する適用要素技術（手段）の適切性，もうひとつは，想定裨益者と介入者の間における信頼醸成と課題解決へのコミットメント，すなわち人的要因（Human Factor）である.

前者に関しては，まず対象として捉える開発課題について，多面的で正確性の高い情報に基づき必要な時間をかけて客観的に理解・分析したうえで，複数の解決に資する仮説（要素技術の選択肢含む）を備え，当該仮説が現地事情に則した形で適用可能であるかどうか実証を試みて，社会実装可否の客観的判断を第三者による評価も踏まえて大胆に行っていくことが肝要である.

後者に関しては，介入対象となる国・地域において，その歴史や文化，風習などの背景情報を事前に学んだうえで，介入対象事業のカウンターパートとなる人々との十分な信頼関係の醸成が，何より重要であるのはいわずもがなである.

例えば，先述の NBF によるモザンビーク無電化地域での電子マネー普及に関する取り組みは，一見持続可能性に大きな懸念を抱かせる. NEC が提供している決済システムは，果たして使用料を NBF から徴収できているか. IC カードを利用する農民たちは,カードを紛失したり悪用されたりしていないか.さらには,決済システム全体にかかる個人情報は保護されているのか.また,システムの不具合に対して緊急的な対応が必要となった場合に,モザンビークの中でも相当の地方部であるカーボ・デルガード州までサポートは適時になされ得るのか.他にも,客観的な懸念は数多考えられる.

しかしながら,NBF はこのような机上で想定され得る懸案点を,ひとつひとつ丁寧に,現地の人々の風習や考え方を最大限尊重しながら,必要な時間をかけて解決する道を歩んでいるようである.その中では,おそらく今後も解決が困難なこともあると考えられるが,それでもなお,NBF 創業者の合田真氏が「先進国の価値観を押し付けない」「最終的に優先すべきは現地の人の気持ち」という信念[5]を掲げ,様々な障害や困難に見舞われながらも現地事情に則した最善の解決方法を常に模索して奮闘努力している.このような強い当事者意識と事業遂行に対するコミットメントが,結果的には現地の人々と良好な協調関係をはぐぐむために,中長期的な持続可能性につながると考えられる.要素技術の適切性も大変重要である一方,人的要因はさらに重要であり,開発事業の成否を大きく左右する.

6.5 まとめ—SDGs 達成に必要不可欠な ICT 利活用促進への基礎的要件—

SDGs の達成見通しについて,2018 年後半の段階で既に厳しい見通しと指摘がなされている事実を引用しつつ,このような状況を改善するためにも,ICT を利活用した非伝統的な開発アプローチが果たして SDGs 達成に貢献し得るのか,社会実装されている複数事例の報告を通じて仮説的に論じた.

非伝統的な手法として,先進国でさえ必ずしも効果測定が蓄積されていない様々な ICT 手法を開発途上国で適用していくことは,電力供給や技術者確保,事業継続のためのビジネスモデルや裨益者側の理解獲得など,新しいアプローチであるが故に予想外に発生し続ける障害を乗り越えていく高い志と実施能力が,実施当事者には求められる.

それでもなお,ICT を様々な開発課題の解決に資するためイネーブラーとして利活用することは SDGs 達成への貢献として少なからず有効であることを,本稿で報告した事例から推察することは可能と考えられる.この考え方を一般化するためには，様々な異なる条件下におけるより多くのユースケース（活用事例）を開発機関が率先して収集・分析し，そこから抽出した教訓を広く公開して共有し，さらなる改善と普及につなげていくことが何より重要である．さらには，ICT がイネーブラーとして開発効果の最大化に貢献するために，いまだ世界人口の半数近くがインターネットに接続できていない現状を解消すべく，国際社会が協調して必要な電力の安定供給とインターネット通信網の整備を進めることも，SDGs 達成に向けて喫緊に取り組むべき重要課題である．そして何より，非伝統的であるが故に過去のデータに乏しい ICT 利活用ではあるが，根本的な目的である SDGs の達成には何が必要かを正しく追及し，強い任務遂行の意志を持ち多様なパートナーシップを主導できる人材を育てて活躍できる環境を整備していくことが，今まで以上に国際社会にとっては重要な使命となっている．

注と参考文献

1)　SDSN（国連持続可能な開発ソリューションネットワーク）は，2012 年以来，国連事務総長の後援の下に運営されている産官学および市民団体などの幅広い連携による非営利ネットワークである．SDSN は，SDG およびパリ気候協定の実施を含む，持続可能な開発のための実用的な解決策を促進するために，世界的な科学技術的専門知識を動員している．

2)　https://sdgindex.org/reports/sdg-index-and-dashboards-2018/（2019 年 7 月 23 日確認）

3)　平野克己（2013）：経済大国アフリカ，中公新書．

4)　緑の革命（Green Revolution）とは，1940 年代から 1960 年代にかけて，高収量品種の導入や化学肥料の大量投入などにより穀物の生産性が向上し，穀物の大量増産を達成したことであり，農業革命のひとつとされる場合もある．

5)　合田　真（2018）：20 億人の未来銀行，日経 BP 社．

7. 人材育成とSDGs

本第7章は2018年11月23日に東洋大学国際共生社会研究センター主催で東洋大学白山キャンパスにおいて開催された国際シンポジウム「アジアとラテンアメリカにおけるSDGsの実現に向けて―日本とブラジルの絆―」において筆者が行った講演“UN's Sustainable Development Goals in the Brazilian context―How universities can contribute?”の講演記録（英文）をセンター事務局の責任において日本語に翻訳し刊行物としてとりまとめたものである．引用・参考文献のリストを含む英文の原資料および講演時のパワーポイントなどは講演記録を参照されたい．（編集委員会注）

7.1 はじめに―背景と本章の構成―

本日は東洋大学にお招きいただき感謝している．これが両大学の末永く実り多い関係の第一歩となることを願っている．本日はブラジルにおける国連の持続可能な開発目標（SDGs: Sustainable Development Studies）とその目標達成のために大学はどのように貢献できるかというテーマについてとりあげる．

まず，東洋大学とサンパウロ総合大学との覚書（MOU: Memorandum Of Understanding）は教員や学生の交流という点においても多くの成果をもたらすものと考えており，本日のシンポジウムがこの協定を祝す機会となり，両大学間の関係は長く続くものと確信している．

本日の講演ならびに第7章として記述されている内容であるが，最初にサンパウロ総合大学（USP: University of Sao Paulo）について紹介している．東洋大学の学生の皆さんが我々のUSPを見学したいと考え，近い将来訪問していただくことを期待している．次にブラジルにおけるSDGsの状況について，その概要を説明する．本日の講演ならびに本章の記述において最も重要な部分はそれに続く2つのトピックである．その1つは，大学とSDGsということで，その枠組み，指針，大学によるSDGs実現のための考え方である．さらに，ブラジルにおける事例，特に，USPがどのようにSDGsに取り組んできたかということと，USPでの活動について述べる．最後に，こうしたトピックに対する議論と問題点を紹介してまとめとする．

7.2 サンパウロ総合大学（USP）の概要

最初のトピックとして，我々の大学であるUSPについてとりあげる．USPのあるサンパウロ州はブラジルにある27の州の1つであるが，特に経済という点からいえば最も重要な州であり，ブラジルのGDPの3分の1をサンパウロ州が生み出している．そして我々の大学であるUSPは州立大学であり，このためサンパウロ総合大学と呼ばれる．メインキャンパスは私が勤めているサンパウロ・キャンパスであるが，ほかにも6つのキャンパスが州内にある．メインキャンパスの中にメインスクエアがあり，緑豊かなエリアである．大学全体では7つのキャンパスに80の学科があり，また博物館，病院，専門的な研究所があり，非常に優れたインフラが整っている．このUSPは今年（2018年）で創立84年になる．

USPには学部生と大学院生合わせて約9万人の学生がいる．ここで強調しておくべき最も重要と思われるのは，USPは研究に関してブラジル全体の成果の25%を担っているということである．したがってUSPはブラジルにとってもラテンアメリカにとっても，数々の知識分野における非常に重要な中心的研究機関といえる．

7.3 ブラジルにおけるSDGsと大学における取り組み

はじめにブラジルにおけるSDGsについて述べる．特にこのSDGsの再生可能エネルギーに関する第7の目標においては，Schmidt-Traubや他の著者による様々な国におけるSDGsがどのように達成されているかの研究結果にあるように，良好な状況にあるといえる．しかし残念ながら我々が良好な状況にあるのはSDGs目標7と目標17に関してのみである．しかしながら問題があるということは，他のSDGsにおいて発展の余地があるということでもある．このような状況にあってSDGsすなわちブラジルにおける持続可能な開発を強化するために発展しなければならないのであれば，我々のUSPそして，もちろん他の大学も同様だが，その役割は非常に重要となる．これから述べることの背景にはこのようなことがある．

それではSDGsを達成し，目標達成率を高めるために大学はどのような取り組みができるのか？ SDGsは必ず実現すべきものである．オーストラリアおよび南太平洋の大学が，大学とSDGs達成の関係を説明するための枠組みを策定している．その中でSDGsは，重要であり，大学を助けるものとなり，大学の役割の一環であると述べている．したがって，SDGsは大学が教育・研究を発展させる機会にもなり得る．そのために重要なことは社会への影響という点での大学の役割，すなわちいかにして互いに協力しあえるかということである．その例の1つとなるのが，我々が今ここで行っている大学同士の協力なのである．

この枠組みではSDGsの達成や達成率を高めるために，大学には4つの基本的役割があることを強調している．その1番目は研究である．SDGsに関する研究は非常に困難な作業である．なぜならSDGsは専門分野の垣根を越えた学際的なものであるからである．すなわちSDGsが実際にどのように機能するのか理解するには，複数のテーマ，複数の知識分野を管理しなければならず，複数の分野に取り組まなければならない．このことから研究はSDGsの達成に向けて理解するために極めて重要なものといえる．

研究に加えて，教育がある．持続可能な開発のために人々，特に若い学生たちをどのように教育するか？ 学生にとっては，SDGsのみならず，研究を行うときの持続可能な開発の手段についても理解することが非常に重要である．将来のキャリアにおいてこの考え方が必要になるからである．したがって教育は大学の非常に重要な役割となる．このテーマつまり教育について後で特に述べる．

このほか対外的な先導役がある．大学は，我々の社会における関係，合意そして変化を促進する重要な構成員としてこの役割を果たすことができる．このため社会の多くの分野で大学の役割は非常に重要なものとして高く評価されている．また最後の項目として社会の運営という点で，大学はSDGsの重要性を強調することもできる．SDGsを行政として活用するのであれば，大学はこの行政システムの一部となることができる．例えば，サステナビリティ（持続可能性）報告に関してSDGsと持続可能な開発構想を盛り込んでいる大学がある．これは社会との対話を通じて，大学がSDGsに関して行っていることを社会に対して説明しているといえる．

7.4　PRME（責任ある経営のための教育の原則）

さらに，もう1つの枠組みとして PRME（Principles for Responsible Management Education，責任ある経営教育のための原則．以下，PRME）と呼ばれるものがある．このPRMEは2007年に国際連合によって提唱されたもので2018年現在11年目を迎えている．PRMEは教育・研究の向上を目指すものだが，特に持続可能性に関する教育は，持続可能な開発目標，すなわちSDGsが存在する以前から注目されていた．同時に国連にはグローバルコンパクトと呼ばれる提案がある．グローバルコンパクトは企業に向けたものである．企業がこのグローバルコンパクトに署名をすることは，この責任ある，持続可能な行動をとるということに同意しているといえる．

PRMEはこの国連の考え方のもう1つの側面であり，教育と大学に関係するものである．そのため，大学または学校がPRMEの署名校であれば，それはPRMEの指針に従うことを示している．PRMEは責任ある教育を世界中で発展させるために重要である．ブラジルでの我々のケースについて強調しておく必要がある．ブラジルは独自の特別な支部を設けた最初の国である．後にインドでも支部を立ち上げた．支部はPRMEの重要な組織である．他の署名大学とともに，各国においてPRMEと責任ある経営を発展させ，増進することに全力を注いでいる．世界中で700を超える機関がPRMEに加盟しており，現在ブラジルでは29の高等教育機関がPRMEに加盟している．責任ある経営教育のための原則と呼ばれていることから，署名校としては特にビジネススクールが挙げられるが，PRMEの関係者はこの活動をビジネススクールだけでなく，一般的な学校向けにも拡大することを考えるようになってきた．責任ある経営教育は経営者のためだけではなく，他のキャリアのためにも必要であることが理解されているからである．そのため，今後数年の間に他のキャリアにも向けて拡大するようになることが考えられる．

ブラジルの場合，SDGsの達成という点からはその他の活動もある．これはポルトガル語でRede ODS Universidades Brasil（ブラジルSDG大学ネットワーク）と呼ばれるもので，SDGsのためのブラジルの大学ネットワークであり，SDGsを重視し，促進するためのネットワークを立ち上げるために複数の大学によって発足した活動である．できたばかりで，まだ規模も小さいが，今後数年の間にさらに大きくなっていくことが期待されている．

7.5 USPにおけるSDGsに関連した活動

さて，以下には特に我々の大学であるUSPで行われているSDGs関連の活動について述べる．既に述べたように，USPはブラジル最大の大学である．そのため，USPに関わる活動はどのような種類のものであれ学生と教員の両方に，またサンパウロそしてブラジルの社会にも大きな影響をもたらす．この活動にはいくつかのものがあるが，その一部を紹介する．例えば，USPには12,000人の学生と教員，そして地域社会にも対応する大学病院がある．病院の近くには，ブラジルで「favela（ファヴェーラ）」と呼ばれているものがあり，大学付近のコミュニティだが，大学病院は彼らにも対応している．大学病院がなければ彼らはいかなる種類の援助も受けられないだろう．病院は研究のための重要な拠点でもある．また，男女平等に関するUSP Women Officeがある．これは新しい活動で，キャンパスでの男女平等，そしてブラジル社会における男女平等に関しても，議論や研究を深め，そしてもちろん慣習も改善することを目指している．さらに，アプリケーション・スクールと呼ばれる学校がある．主に職員と教員向けの基礎的な学校であるが低所得地域向けのものでもある．

このほか，特に環境活動に関しては，キャンパス内での水およびエネルギーの効率的利用がある．これは水管理に関する新たなプログラムである．先ほど述べたように効率的エネルギープロジェクトもあり，太陽エネルギーや風力エネルギー，その他の種類のクリーンエネルギーといった，クリーンエネルギーの利用に関してブラジルで新たに応用できる技術の利用および開発を増進しようとするもので，非常に重要であり，実際，ブラジルにとって建設的なものである．

また，責任ある消費と生産，すなわちSDGsの目標12に関するプログラムもある．例えば20年ほど続いているリサイクルプログラムがある．我々はキャンパス内ですべての廃棄物を収集している．これはリサイクルセンターで働く地域住民にとって収入を生み出すものにもなる．電子廃棄物を扱う特定の区域，特定の施設もあり，これはご承知のように電子廃棄物管理において重要な問題である．社会的な先導的活動に関しては，ブラジルには学生の割当プログラムもある．残念ながら我々の社会では格差が大きいため，我々は学生の利益のバランスをとろうと努めている．かつてのように高所得層の学生だけでなく，現在は低所得層の学生もいる．これが割当プログラムである．これも新たな活動で，割当プログラムの学生と他の学生を 50-50 にして，不平等を減らし，将来はこれら低所得層の学生に対してさらに機会を提供しようという構想である．

さらに，今回招待いただいたように，USP は数多くの協定を結び，協力した活動を行っている．この協力関係については，他の大学や他の機関，さらには民間機関とも協力して，SDGs 目標 17（パートナーシップ）の達成率を高めようとしている．既に我々は世界中の国と協力関係にあり協定を結んでいるが，これを拡大してさらに多くの協定を結ぶことを考えている．それは USP が国際化という目的をもっており USP はこれを進めようとしているためである．もちろん，東洋大学と USP の協定もこの政策の一環である．

さらに，新たな活動もいくつかあり，このうちの 2 つを以下に紹介する．例えば上述のグローバルコンパクトが挙げられる．サンパウロはグローバルコンパクトの最初の地方都市プログラムである．グローバルコンパクトは国連の提案によるものであるが，サンパウロにおけるグローバルコンパクトに関する機関は，どのようにすれば都市が SDGs に参加できるか，都市が日々の活動において SDGs を実現するにはどのようにすればよいかといった活動のための研究の基盤になるために設置された．こちらは昨年（2017 年）から始まった新たな活動である．USP とサンパウロ州環境長官との協定で，環境問題において大学と政府との関係を強化しようとするものである．

また，上述のとおり USP は PRME ネットワークに加盟している．PRME ネットワークの一員として，我々はこれら PRME の 6 原則—目的，価値，方法など，に従わなければならない．その義務の一環として，PRME 署名校はいずれも 2 年ごとにその活動を報告しなければならない．これは進捗状況に関する情報共有（SIP: Sharing Information on Progress，以下，SIP）と呼ばれるものである．進捗状況に関する情報共有とは，各校が責任ある教育というものに関してどのようなことを行ったか 2 年ごとに行う報告である．これには SDGs に関するあらゆる情報があり重要である．他の学校も同様に行うこととなっており，このために PRME 活動は SDGs の実現に取り組むもう 1 つの方法ということができる．

昨年（2017 年）USP は「第 4 回責任ある経営教育研究会議（Responsible

Management Education Research Conference)」を開催した．SDGs の策定者の 1 人であった Jeffrey Sachs がスカイプを通じての基調講演者の 1 人として参加した．また，SDGs を教育などにおいてどのように実践できるかについてのワークショップも行った．これらはまだ個別の活動であるが，SDGs の重要性を強調するためには重要なものと考えられる．この会議は毎年，様々な国で開かれている．例えば今年（2018 年）はドイツで，本日のシンポジウムに先立って先週に開かれている．

7.6　まとめ―SDGs に関する教育と大学の役割についての議論―

最後に，SDGs に関する教育と大学の役割についての議論と問題点をいくつか紹介し本章のまとめとする．これは，我々が大学として SDGs の達成率をどのように高めていけばよいか，どのように取り組むことができるかということである．持続可能性の科学と呼ばれるテーマについての各国の研究状況をみると，出版物の数を増やしており，持続可能性の科学に関する研究レベルを高め，そしてもちろん，SDGs 関連のテーマを増やしている．ブラジルと日本のどちらの国も出版物数を増やす余地がある．ただし，もととなったデータベースは 2013 年までのものであり，SDGs は 2015 年に発表されたということである．そのため，このデータベースでは SDGs が出版物という点から，どのように研究されてきたかということが示されていない．どの国でも増加していることを強調するためにだけ，このデータを紹介しており，SDGs が大学や社会にとってますます重要になってくるにつれて研究状況はさらに向上するものと考えられ，そのことを我々は期待している．

また，SDGs に関して，教育と大学の役割はどのようなものかについての議論がある．すべての国で SDGs を中心に据えた質の高い教育を行うことが，SDGs が存在するための必要条件と考えられる．そのためにはどのようにすればよいのか？　既に述べたように，大学の教育，研究，対外的な交流などの活動といった大学の規則や活動において SDGs をその実施の基礎とすることである．

それでは，知識，学習，外からの影響や対外的な共同といったその成果を得るにはどうしたらよいか．既にオーストラリアの枠組みにその要素が示されているが，私は本章においてはこのような構想の実現と成功のために重要な要素をさらに1つ追加したい．すなわち，SDGsと持続可能な開発を目的しその活動の中心的価値とすること，またすべての当事者や参加者の間の対話を重視することも必要である．さらに，私が極めて重要と考える要素をもう1つ追加した．有効性である．我々は数多くの政策や方針を設定することがあるが，その有効性についてはどうだろうか？　どうすれば有効であると実際に明らかにできるだろうか．大学はこれについても考慮すべきである．どうすればすべての活動が本当に効果的であると明確にすることができるのか．これが課題となる．

本章においてこれまで述べた議論や問題点に関して最終的に示すべきことがいくつかある．例えば最初の課題であるが，先にも述べたようにブラジル，そしてもちろん他の国々でも，SDGsに関して実践していることや活動はあるのだが，数多くあるにもかかわらず知られていないものもある．例えばUSPが行ったことなど大学には数多くの活動があるのだが，情報としてまとめられていない．ここに示す提案すなわち機会は，こうした活動についての知識管理のために，すべての活動や実践状況を確認できる全国的なデータベースを構築しようというものである．これは大きな機会になると考えている．この種のものはまだないので，我々は開発する必要がある．

もう1つの課題として，「国内の様々な状況」というものがある．特にブラジルではそうである．ブラジルは広大で，同じ国でも状況が異なる．これに対してどのように取り組むか？　それは，地域に根ざした方法を採るということだ．すなわち，SDGsを分析し，その地域でのSDGsのための診断を行い，様々な地域，様々な場所に応じたSDGsに取り組む方法を理解するということである．サンパウロで重要なこと，あるいは適切なことが，例えばアマゾン地域では適切でないかもしれない．ブラジルのような国では，この地域に根ざした方法を採るということが非常に重要なものと考えられる．ここに，教育，研究，対外的交流など大学の先導的な取り組みを立ち上げる機会がある．大学が現地向けの特化した解決法を用意するのである．ある場所での最善の実践方法，最善の解決法となるものが，他の場所では最善の解決法とはならない可能性がある．そのためには地域と関係をもたないあるいは全体的な方針を策定しようとせず，現地向けの方針，すなわちそれぞれの場所に合わせた実践方法を策定するということである．

もう1つの重要な問題は，SDGsそれぞれの優先順位が異なることである．ブラジルではSDGs達成においてそれぞれ段階が異なっており，ここでもおそらく，この地域に根ざした方法を採用して，ブラジルにとって，あるいはブラジルの特定地域にとって重要度の高い SDGs を理解できる，あるいは特定できる可能性がある．これは他の国にも適用できる．17 の SDGs のうち 1 つまたは複数の目標において，特定の問題に関する特定の事項に取り組むことができる．ただし，学校，大学そして地方自治体の間で方針が異なり，足並みが揃わない懸念もある．このような現地の視点でもって，いかにして大学がその行動の影響力をさらにいっそう高めるかを理解することが非常に重要であると考えられる．

最後に，SDGs は多くの専門分野にわたる学際的なものである．もちろん，この問題は複雑である．前にも述べたように，SDGs を理解して実現するためには様々な知識の分野に取り組まなければならない．このため，個別の行動や活動はありうるがすべての利害関係者が特定の SDGs の影響を受ける可能性のあるプロジェクトに関して，大学が参加する機会があると考えられる．

最後になったが，USP が主催している会議，ENGEMA について紹介したい．2018 年は 12 月（このシンポジウムの 2 週間後）に開かれる．この会議は持続可能な経営に関するもので 20 回目を迎える．92 年リオ会議の直前に始まったが何年か中断しているために，まだ 20 回しか開かれていない．この会議は 92 年リオ会議について話し合うために発足したもので，年を重ね，今では 20 回目となった．会議の名称は「92 年リオ会議から 2030 アジェンダへ（From Rio 92 to 2030 Agenda)」といい本年は SDGs について議論することとなっている．大学が参加するものであるが，企業，政府そして NGO も参加する．これらすべての関係者が SDGs にどのように取り組むことができるかを議論するもので，この問題の重要性を改めて強調するものである．

本講演にご清聴感謝する．東洋大学にお招きいただいたことに改めてお礼を申し上げたい．

8. 社会的保護・社会保障とSDGs
—持続可能な福祉へ向けた取組—

8.1 SDGsと社会的保護・社会保障

SDGsは先進諸国をも包含する目標として今や世界各地で取り組まれている．これまで開発目標の対象地とされてきた国々だけでなく，日本でも，ヨーロッパでも，街を歩けばSDGsのサインを目にするようになった．

SDGsは，貧困の撲滅（目標1），すべての人の健康な生活と福祉（目標3），持続的・包摂的な経済成長と完全雇用・ディーセントワーク（目標8），国内あるいは国境を越えた経済的格差の是正（目標10）を目標に据えている．こうした目標は一定の経済成長・社会発展を果たした先進諸国でも，いまなお重要課題として政策体系の主要な部分を占めている．特に社会的排除の克服はこれらのすべての目標に関係し，EUでも早くから共通の社会目標として取り組まれている．

では，こうした目標を達成するために，どのような社会政策体系あるいはレジームが有効だろうか．経済社会の構造と規模，産業構造が急速に変化する中で，持続可能な福祉を達成するための取組にはどのようなものがあるのだろうか．本章では，グローバル化の中で変容する福祉国家について整理し，北欧の事例を紹介する．これを通じてSDGs目標達成における普遍主義型福祉国家の有効性を検討し，開発途上国への応用可能性を視野に入れて先進的事例の持つ示唆について議論したい．

8.2 ポスト工業化への福祉国家の対応

工業社会に適合した20世紀型の福祉国家の諸制度は，ポスト工業化や人口構造の成熟化，市場経済のグローバル化の進展の中で限界を見せている．付加価値を生み出す知識基盤産業が進展し，非熟練・単純労働作業に従事する人びとは低賃金で不安定な就労環境に置かれている．一方で，高齢化と家族形態の複雑化や多様化の中で世帯規模は縮小し，家族内での物質的な資源移転やケアなどの支えあいの構造が脆弱になっている．さらに市場経済のグローバル化が，モノやカネ，サービスとともにヒトの移動を飛躍的に拡大させている．労働者も社会的保護の対象者も大量に流入・流出することになる．少子高齢化だけでなく地球規模の複合的な変化の中で，人びとの生活を支える福祉国家は変容を迫られている．

こうしたポスト工業化時代の環境変化に対して福祉国家はいかに対応しているのだろうか？　2000年代前後以降の福祉国家の変化をめぐっては，主に次の三つが指摘されている．一つ目は，1990年代の不況期の緊縮財政を契機の一つとした福祉国家の縮減である．それまで，福祉国家は受給者を取り込み，システムを拡大させていく自己強化性を発揮させてきた．不人気政策である福祉縮減は回避されてきた．実際，冷戦終結後の国家間の経済競争が拡大する中で，1970年代のオイルショック後に高まった福祉国家の危機においては福祉財政の縮減に対する膠着がみられた．しかし，1980年代以降，費用対効果，効率性を求めて公共部門見直し・削減を進める新公共経営（New Public Management）の議論が進むにつれて，福祉給付の削減も受容されるようになっていった．そして不況とグローバリゼーションにより福祉国家を取り巻く文脈が変わると，緊縮財政の名のもとに縮減が進行するようになった（Pierson 1996）．

二つ目は新しい社会的リスク（New Social Risks）への対応である（Taylor-Gooby 2004, 2009, Bonoli 2007, Bonoli and Natali 2012）．工業社会において福祉国家は，定型的な労働や収入，家族構成，ライフサイクルを前提として，生まれる前から死んだあとまで個人の生活の保障をしようとする制度を発達させてきた．特に社会保険は，雇用労働者の賃金の一定割合を徴収し，収入低減期に給付を行うことで，個人の生活リスクを平準化するだけでなく，経済のビルトインスタビライザーとして社会保障の中核的制度として発展してきた．安定した財源を確保しながら，大量の労働者とその家族をカバーし，生活の安定を図り，貧困を未然に防ぐことができたからである．しかし，脱工業化の中で，工業社会が前提としてきた労働者・家族像を満たす人口が相対的に縮小しつつある．一方で，移民・難民の拡大，離婚・未婚などによる世帯の縮小と家族の不安定化，雇用の流動化・生計構造の複線化など，これまで社会保障が計算に入れてこなかった対象とリスクが飛躍的に増加した．これが「新しい社会的リスク」である．1990年代後半から顕在化しつつある福祉国家内部での経済格差の拡大，社会的排除の進展は，こうした事情を背景としている．しかし，国境を越えた経済競争が激化する中で，福祉国家はこれらのリスクに対応するために十分な資源を配分することがますます難しくなっている．

この「新しい社会的リスク」とそれへの対応は次のようにも説明できる．大量の定型的な労働者を想定し，それに当てはまる「インサイダー」への手厚い保障を発展させてきた20世紀の福祉国家は，新たに労働市場や社会全体へ流入しつつある「アウトサイダー」への保護を迫られるようになった．工業社会の中で定型化されてきたリスクとそのカバーは，労働市場の外側に置かれてきた人たち（アウトサイダー／新しいリスクグループ）には適用されない．このため，彼らのリスクとそのカバーは税収を用いた社会扶助（狭義での社会的保護）により事後的に救済されることになる．インサイダーはこれまでの忠実な拠出の見返りとして従前の所得に基づく保障を要求するが，新しいリスクグループはニードベースの生計費を保障する．こうして社会保障の二重構造が再生産されることになる．

このような状況の中で，新しい社会的リスクへの対応が，社会保障の根本的な枠組みそのものの見直しを迫ることになる．福祉国家の対応はインサイダーを向くかアウトサイダーを向くかの二つの方向に分かれていく（Häusermann 2011, 2012）．インサイダーの既得権を保護しようとする福祉保護主義（welfare protectionism）か，アウトサイダーのニーズに対応しようとする福祉修正主義（welfare adjustment）のいずれかである．福祉保護主義は既存の社会階層を維持し，新しい社会的リスクへの対応を最小限にとどめようとするが，福祉修正主義は二つの二重構造を克服し新しい社会的リスクへ積極的に対応しようとする．二重構造の一つは，労働者を中核的労働者と補助的単純労働者に二分化し，賃金と労働条件に越えがたい格差を設定・固定化させていく労働市場の二重構造である．もう一つは，こうした労働市場の二重構造や硬直性からくる福祉の二重構造（dualized welfare state）で，インサイダーとアウトサイダーの間の越えがたい社会保障給付の格差である．2000年代以降，こうした二つの二重構造を修正していく取組が注目されている．就労保障を自由化／規制緩和する一方で失業保障を手厚くし労働移動の自由度を高めるフレクシキュリティの取組や，最低保証年金の導入や生活保護の寛容化などにより社会保障の受給要件を緩和していく取組などである．

三つ目に，こうした新しい社会的リスクの存在や社会的排除の進行を踏まえ，個人のエンプロイヤビリティ（稼得能力）を高め，就労につなげようとする取組が展開されつつある．それを補強する議論の枠組みが「社会的投資」である（Esping-Andersen 2002, Morel *et al.* 2009）．失業者向けの職業訓練を中心とした積極的労働市場政策や就労者のケア負担の社会化，さらに広く教育における人的資源の開発を積極的に行い，より長期的視野から労働稼働率を高めようとするアクティベーションの取組である（アンデルセン 2011）．1990 年代の不況期後は，失業者に対して求職義務などの就労努力を要件とした福祉給付を行い，労働市場の外部にいることに不利な条件付けをして労働稼働率を高めようとした．いわゆるワークフェアの進行である．しかし，長期にわたる高失業率と知識基盤社会の進展の中で，技能と人的資源開発を通じて緩やかにそして持続的に人びとを雇用につなげる社会的投資を重視する議論がＥＵを中心に支持を得るようになった．ポスト工業化と新しい社会的リスクの中で進行した社会的排除への打開策として重要視されるようになったともいえる．こうした社会的投資の取組は，基礎教育以前の幼児期からの保障も視野に入れている．J. ヘックマンの幼少期の教育の重要性を強調する議論（ヘックマン 2015）や，イギリス労働党政権が展開したシュアスタート政策（伊藤 2012），OECD が二回に分けて発表したスターティング・ストロングⅠおよびⅡ（OECD2001, 2006）などに刺激されて，2000 年代以降ヨーロッパを中心に保育から幼児教育への移行・無償化が進んだが，これも社会的投資の一側面である．社会的投資の取組は，福祉修正主義の中でも，個人のエンプロイヤビリティ向上に特化した議論ともいえるだろう．事後救済であるニードベースの社会的保護に対して，貧困リスクへの予防的対応となる．インサイダーであるかアウトサイダーであるかを超えた取組でもある．

以上のような変化をまとめれば，ポスト工業社会における福祉国家はその政策体系を再編させつつある．この社会的保護の再編（Häusermann 2011, 2012）は，工業社会時代に編成された所得・雇用保護志向の社会保障を，アクティベーション／社会的投資型政策や，ニードベースの社会的保護政策へ再編しようとするものである．福祉国家は，再編を拒もうとする福祉保護主義と，プロアクティブに再編を進める福祉修正主義とを両極とするスペクトラムの中に位置づけられる．一方，これらの変容を産業構造の転換や経済政策の視点から見れば，福祉国家は個人・企業の能力形成や革新的挑戦を可能にする（enabling）ことに役立つサービス供給を重視するものへと変質している．能力開発型福祉国家 enabling welfare state への変容（Sabel *et al.* 2010, Kristensen *et al.* 2011, Miettinen 2013）ともいえるであろう．いずれもグローバル化や知識基盤社会化に対応した人的資源確保の強化が要点にある．既存の均質な労働者像を念頭に置いた連帯を基盤とする工業社会型の社会保障から，国家間競争の時代に多様な個人で形成される社会を前提に国家を運営していくための最適解を求めた再編へ向けて，福祉国家は積極的に人的資源強化に取り組もうとしているのである．

では，こうした変化は実際にどのように展開しているのであろうか．次に，フィンランドにおける聞取り調査結果をもとに，こうした変化の具体例について述べる．

8.3　フィンランドにおける政策実験

8.3.1　普遍主義的な北欧型福祉国家とフィンランド

普遍主義的な福祉国家を代表する北欧諸国は，高度な労働力の脱商品化と階層性の弱さ，すなわち経済的な平等度の高さで知られてきた．しかし同時に，手厚い福祉の現物給付を通じて本人の労働市場への参入を容易にし，ケアや訓練業務への従事者等の間接的な雇用を増やすことで，労働力の商品化とタックスペイヤーの拡大とが相互連関し，これを最大化しようとするメカニズムを持つ福祉国家システムとしても捉えられてきた（G. Esping-Andersen 1990, 1999）．家族のケア負担を減らす脱家族化がジェンダー平等を進めていること，労働市場参加の促進策である積極的労働市場政策（アクティベーション）やフレクシキュリティなどの取組，障害者の社会的包摂，移民・難民の積極的受入れもたびたび注目されてきた．Kristensen と Lilja（2011, 2015）は，北欧諸国では多様なバックグラウンドを持つ市民の存在を前提とした福祉国家が，生活上のリスクの予防・引受と，福祉国家による家族へのサービス供給などを担うことによって個人・企業の能力形成や革新的挑戦を可能にし，これらが市民の国家への信頼の構築と社会への主体的な貢献に寄与していると説明している．

フィンランドは，こうした特徴を持つ北欧諸国の中では，やや主流から外れているように見える．他の国同様研究開発費が大きく，能力形成や革新的挑戦に積極的である．一方，市民参加や消費者デモクラシーを尊重する典型的な北欧の参加型デモクラシーに比べると分権的イニシアティブは弱い．失業への対応策では直接的な労働力のアクティベーションよりも新しい仕事の創出による間接的な雇用拡大を指向する．20 世紀型の受動的な防貧的社会保障と新しい積極的なリスク共有の両者（Kristensen *et al.* 2011），すなわち福祉保護主義と修正主義が並列に配置されているといえるだろう．実際，フィンランドは，国家イノベーションシステムの導入や情報社会への転換において最も早くかつ大胆に取り組んできた．また，ベーシックインカム（BI）制度の試行実験にも取り組んでいる．これらは，国家が一人ひとりの生活を直接支えるというよりもむしろ市民の創造的な取組への環境を長期的，間接的に整備することを選択し，これを通じて新しい産業を創出し経済競争力の強化を図ろうとするプロセスと解釈できる．それでは，フィンランドの具体的な取組とはどのようなものであろうか．

8.3.2　ベーシックインカム実験

フィンランドでは 2017 年，18 年の 2 年間，ベーシックインカム（BI）制度を導入し，所得と就労への影響と効果を測ることを目的とした時限的社会実験を実施した．通常 BI は，社会のすべてのメンバーに対し，資力調査や就労要件なく個別に定期的に支払われる所得と定義される．無条件，個人単位，普遍的であることを原則とする定期的な金銭給付である．2017 年以降，オランダ，カナダ，スペイン，ケニア，アメリカなどで急速に実験的な導入がひろがっている（BIEN 2019）．フィンランドで導入された実験では，25 歳から 58 歳までの全国の失業者から 2,000 人を無作為抽出して対象とし，失業手当の基本給付と同額の月額 560 ユーロを非課税の普遍的 BI に自動的に置き換えて支給した．従前の所得や生活状況によって上乗せされる失業手当の付加給付は実験前と同様に支給された．

この実験では，BI として支給する額の低さ，規模の小ささ，対象者の就労支援プログラムからの離脱に対する批判があった．しかし，実験の本質は，無条件の給付，特に就労努力要件や就労後廃止要件がないことで，失業の罠を除去した純粋な就労意欲促進効果を測ることができるところにある．また，資力調査などによる繁文縟礼を廃し，手続きを単純明確化しスティグマを与えないことの効果の測定も意図された．産業技術への AI の導入による雇用喪失に備えること，イノベーションによる革新的な生産性の向上のために精神的圧迫やスティグマから自由な個人の生活を確保すること，BIによってそれが可能かどうかを測ることにその意義があった．

2019年2月に発表された中間報告（Kangas *et al.* 2019）では，実験開始年である2017年のデータを用いた分析結果が示された．結果では，就労や所得において，実験（BI受給）群と対照群では，就労日数や就労率ではわずかに実験群が上回ったものの，ほとんど差がみられなかった（就労日数差0.39日，就労率差0.85%，就労所得差マイナス21ユーロ）．一方，信頼，生活への安心感，社会的自己効力感，身体的健康，精神的健康，就労意欲，生計に対する満足感，ストレスなど，被験者の福祉についてのすべての質問項目において，実験群の回答が対照群の回答をはるかに上回る良好な結果がみられた．官僚的な手続きの軽減，BI導入への肯定についても同様な結果となった．

8.3.3　保健医療福祉及び広域自治体改革構想

保健医療福祉及び広域自治体改革（SOTE改革）構想は，保健医療福祉サービスを統合して，新たに設置する広域自治体の所管へ移行させようとした改革の設計図である．地方自治制度の中で，保健医療の所管を広域自治体レベルに置こうとする試みは日本をはじめとする国々でみられるが，毎日の生活に密着した福祉サービスまでをも広域自治体の所管としようとする改革は世界では未だない．さらに，これまで間接選挙で選出された合議体により運営されてきた広域政府を直接選挙により選出された議会を持つ自治体とすること，広域自治体は中央政府が所管していた職業紹介・訓練や自然保護などの公共サービスを統合して担当すること，その一方で広域自治体には徴税権がなく国からの移転財源に全面的に依存することなどが特徴的で，それゆえに合意形成が難航した．

SOTE改革の当初の狙いは，自治体間での福祉サービス供給の格差の解消と財政脆弱自治体におけるサービス供給の維持・確保にあった．フィンランドでは，1990年代以降繰り返し福祉供給システムや地方自治制度に関する改革が行われてきた．特に2005年の改革は，自発的な合併を推進し自治体の規模を一定以上に引き上げようとする試みで，その後の十年間で自治体の数は約三分の二まで減った．しかし，改革後も自治体の人口・面積規模は多様で，わずか90人の自治体から65万人まで，面積は6 km^2から1.5万 km^2までわたり，自治体規模の一定化は実現せず，さまざまな自治体が残った．そこで，2007年には保健福祉医療構造改革（PARAS改革）を実施し，保健福祉サービスの提供には自治体間協力により2万人以上の人口を確保すること，職業教育の提供には5万人以上の人口を確保することが法定化された．しかし，PARAS改革も，2011年の政権交代により突如中止され，自治体の半数は条件を満たさないままサービスを提供し続けることとなった．

SOTE改革構想は，政党間のパワーバランスに影響するだけでなく，福祉サービスの質の低下が懸念されたことなどから，多くの批判にさらされた．最終的に，総選挙の1か月前の2019年3月に首相が実現を断念し，構想は実現されなかった．SOTE改革を推進してきた中央党は翌月の選挙で大敗した．しかし，この改革構想は，とめどなく人口と産業の成熟化が進む先進諸国において課題解決に向けた重要な手がかりになると考えられる．成熟化した社会では，多岐にわたる住民サービスをできるだけ住民に近い基礎自治体にゆだねることが求められる．大幅な裁量権を持たせることで地域性とニーズに柔軟に対応し，自律的な運営を図ることが必要になるからである．しかし，SOTE改革構想は，本質的には福祉サービスの供給を基礎自治体から中央政府の直接管理下に置こうとする試みであった．サービスを市民から遠いところへ引き離す改革ともいえる．とはいえ，そのゴールは，地域間のサービス格差の解消にあった．さらに，福祉サービス選択の自由化，電子化された保健医療福祉サービス利用履歴（カルテ）の統合化・パーソナル化とセルフケアの促進，将来的な保健医療福祉に関するビッグデータの活用などを視野に置いていた．すなわち，個別の自律的な運営維持よりも，より安定的な運営基盤の確保と効率化，将来的な財源確保をも見通した持続可能な福祉供給を目指した改革構想であった．自律的な集合行為を目指してきたデモクラシーから，エレクトロニクス化とネットワーク化の中で自律的な個人を社会が信頼するデモクラシーへの変革を目指そうとしたものであったともいえるだろう．

日本では，極端な人口構造の成熟化の中で，社会保障財源の確保と枠組みの転換が急務である．AIの活用などの新産業の急速な展開に対してスピードある対応が求められている．移民も視野に入れた労働力のアクティベーションだけでなく大胆で飛躍的な展開を見せる社会的な改革が必要である．フィンランドの取組はその手がかりとして示唆的である．

8.4　持続可能な福祉に向けて

本章では，持続可能な福祉へ向けた取組について，21世紀初頭の福祉国家の変容とフィンランドにおける具体的な取組を例に挙げながら検討してきた．

環境変化の中で，個人単位の社会保障制度体系と，経済的平等を志向する再分配政策をとり，さらに個人の能力開発に積極的な普遍主義的な福祉国家は優位性を持つ．家族単位の社会保障制度体系が労働市場の二重構造や福祉の二重構造を再生産していくのに対して，個人単位の制度体系は，（これらの二重構造を修正することこそ難しいが）中立的である．経済的平等を志向する再分配政策は福祉の二重構造を修正していく．さらに労働市場の二重構造による貧困を能力開発（社会的投資）が予防していくからである．

北欧型福祉国家は上記のような特徴を持ち，環境変化への耐性が比較的高いと考えられてきた．しかし，その中でもフィンランドは独自の特徴を示している．BI実験やSOTE改革にみられるように，一見すると環境変化への反応はぎこちなく，あるいは斬新で，生活の安心と安定よりも創造性への期待を優先させているようにすら見える．しかし，想定をはるかに超えたスピードで予測不可能な発展を遂げる世界の中で，持続可能な福祉国家運営を求める一つのあり方であると考えることができる．

最後に，こうした福祉国家の変容は，開発途上国の社会福祉・社会保護の展開においても示唆的であることを指摘しておきたい．8.2節で述べたとおり，現在の福祉国家の変容は，20世紀の工業社会の中で形成された定型的労働やライフスタイルをベースとしたものであった．したがって，開発途上国において，先進国の制度を取り入れながら同水準の保障を確立させるには，この工業社会における社会保障の展開に追いつくことが必要であった．しかし，ポスト工業化社会の福祉国家では，工業社会の社会保障制度から脱却しながらいかに生活の安心と安定を図るかが問われている．すなわち，工業社会の社会保障制度が十分に整備されていない開発途上国では，工業社会の展開を潜り抜けた先進国と同じ立脚点から，持続可能な福祉を構想することができるのである．

参 考 文 献

・Bonoli, G. (2007): Time Matters: Postindustrialization, New Social Risks, and Welfare State Adaptation in Advanced Industrial Democracies. *Comparative Political Studies*, **40**, Issue5.

・Bonoli, G. and D. Natali (2012): *The Politics of the New Welfare State*, Oxford University Press.

・Esping-Andersen, G. (1990): *The Three Worlds of Welfare Capitalism*, Polity Press.

・Esping-Andersen, G. (eds.) (1999): *Welfare States in Transition: National Adaptations in Global Economies*, Sage.

・Esping-Andersen, G. (ed.) (2002): *Why We Need a New Welfare State*, Oxford University Press.

・Häusermann, S. (2011): Post-industrial social policy reforms in continental Europe: what role for social partners? Contribution prepared for presentation at *the 18th Conference of Europeanists*, Barcelona, Spain, June 20-22, 2011.

・Häusermann, S. (2012): The Politics of Old and New Social Policies. *The Politics of the New Welfare State* (Bonoli, G. and David Natali), Oxford University Press.

・Kangas, O., Jauhiainen, S., Simanainen, M. and Ylikännö, M. (toim.,) (2019): *Perustulokokeilun työllisyys-ja hyvinvointivaikutukset. Alustavia tuloksia Suomen perustulokokeilusta 2017-2018*, Sosiaali-ja terveys ministeriö.

・Kristensen, P. H. and K. Lilja (eds.) (2011): *Nordic Capitalisms and Globalization: New Forms of Economic Organization and Welfare Institutions,* Oxford University Press.

・Kristensen, P. H., K. Lilja., E. Moen and G. Morgan (2015): Nordic countries as laboratories for transnational learning. *Nordic Cooperation. A European region in transition* (*Johan Strang* (*ed*)), Routledge, pp.183-204.

・Miettinen, R. (2013): *Innovation, Human Capabilities, and Democracy: Towards an Enabling Welfare State*, Oxford University Press.

・Morel, N., Palier, B. and Palme, J. (2009): *What Future for Social Investment?* Research Report, Institute for Futures Studies.

・OECD (2006): *Starting Strong II: Early Childhood Education and Care*, OECD.

・OECD (2001): *Starting Strong*, OECD.

・Pierson, P. (1996): The New Politics of the Welfare State. *World Politics*, **48** (2), pp. 143-179.

・Sabel, C., Saxenian, A-L., Miettinen, R., Kristensen, P.H. and Hautamäki, J. (2010): *Individualized Service Provision in the New Welfare State: Lessons from Special Education in Finland*, SITRA.

・Taylor-Gooby, P. (2004): New Risks, New Welfare: The Transformation of the European Welfare State, Oxford University Press.

・Taylor-Gooby, P. (2009): *Reframing Social Citizenship*, Oxford University Press.

・Yabunaga C. (2019): Finnish Reforms of the Local Government System and Social Service Provision after the 2000s and a Comparison with Japan's, Contributed paper at The Nordic Welfare Research Conference.

・アンデルセン，ヨルゲン・グル（2011）：デンマークにおけるアクティベーション政策の展開．アクティベーションか，ベーシックインカムか―福祉改革の原理―（ヤニク・ヴァンデルホルヒト，ヨルゲン・グル・アンデルセン，宮本太郎），北海道大学大学院法学研究科付属高等法政教育センター．
・伊藤淑子（2012）：イギリス　普遍的かつ的をしぼって．世界の保育保障（椋野美智子，藪長千乃編著），法律文化社．
・ヘックマン，ジェームズ・J（2015）：幼児教育の経済学，東洋経済新報社．（J. J. Heckman: *Giving Kids a Fair Chance*, Massachusetts Institute of Technology, 2013）
・藪長千乃（2018）：社会福祉をめぐる政治過程．よくわかる政治過程論（松田憲忠・岡田　浩編著），ミネルヴァ書房．
・BIEN（2019）
https://basicincome.org/（2019年3月31日ダウンロード）
・Häkkinen, Hannele Senior Advisor, Social Welfare and Health Care, Association of Finnish Local and Regional Authorities（2019年1月30日インタビュー実施）
・Salo, Sinikka Leader of change in reforming social welfare and healthcare in Finland, Ministry of Social Affairs and Health（2018年9月6日, 2019年1月30日インタビュー実施）

9. SDGsと障害者支援
—すべての人への支援に向けて—

2020年に東京でオリンピック・パラリンピックの開催が決定して以降，日本では公共交通機関，ホテル，大会会場などのバリアフリー化といった，インフラ整備などのハード面での障害者対応が進められているだけでなく，テレビなどでも障害者[1]に関する番組を多々見受けるようになり，（人々の心や思いなどの）ソフト面でも障害者の受け入れを促進しようという動きが活発化しているように感じられる．パラリンピックの実施には，海外から数多くの障害当事者が来日するため，ハード面だけでなく，ソフト面も含めた様々なバリアフリー対策が必要となる．このような国際的な大会は大きな転機となるため，日本の障害者に対する意識や考え方を変えていく良いチャンスになるだろう．国際的にも障害者に対する取り組みは増えてきており，国際協力を行う際にもこれまでの協力の中で「取り残されてきた人」のグループの１つとして障害者が認識されている．日本は国際協力を行う国として，自国においても開発途上国に対しても「すべての人への支援」に向けて適切な対応が求められている．

本章では，すべての人への支援に向けてSDGsにおいて障害者がどのように位置付けられているか，SDGsと障害者権利条約の関連性を考察した上で，障害当事者のエンパワーメントの事例紹介として，スリランカの事例を紹介したい．その後，SDGsの達成に向け社会全体としてどのような対応が求められるのか考察したい．

9.1 SDGsにおける障害者の位置付け

2015年9月の国連総会において，2030年までの新たな国際開発目標である「我々の世界を変革する：持続可能な開発のための2030年アジェンダ」が採択された．この2030年アジェンダの行動目標として17の目標と169のターゲットからなる

SDGs 目標	障害に関する記述
4 質の高い教育をみんなに	4.5　2030 年までに，教育におけるジェンダー格差を無くし，障害者，先住民及び脆弱な立場にある子どもなど，脆弱層があらゆるレベルの教育や職業訓練に平等にアクセスできるようにする．
	4.a　子ども，障害及びジェンダーに配慮した教育施設を構築・改良し，すべての人々に安全で非暴力的，包摂的，効果的な学習環境を提供できるようにする．
8 働きがいも経済成長も	8.5　2030 年までに，若者や障害者を含むすべての男性及び女性の，完全かつ生産的な雇用及び働きがいのある人間らしい仕事，ならびに同一労働同一賃金を達成する．
10 人や国の不平等をなくそう	10.2　2030 年までに，年齢，性別，障害，人種，民族，出自，宗教，あるいは経済的地位その他の状況に関わりなく，すべての人々の能力強化及び社会的，経済的及び政治的な包含を促進する．
11 住み続けられるまちづくりを	11.2　2030 年までに，脆弱な立場にある人々，女性，子ども，障害者及び高齢者のニーズに特に配慮し，公共交通機関の拡大などを通じた交通の安全性改善により，すべての人々に，安全かつ安価で容易に利用できる，持続可能な輸送システムへのアクセスを提供する．
	11.7　2030 年までに，女性，子ども，高齢者及び障害者を含め，人々に安全で包摂的かつ利用が容易な緑地や公共スペースへの普遍的アクセスを提供する．
17 パートナーシップで目標を達成しよう	17.18　2020 年までに，後発開発途上国及び小島嶼開発途上国を含む開発途上国に対する能力構築支援を強化し，所得，性別，年齢，人種，民族，居住資格，障害，地理的位置及びその他各国事情に関連する特性別の質が高く，タイムリーかつ信頼性のある非集計型データの入手可能性を向上させる．

図 9.1　SDGs の障害に関する具体的な記述
（筆者作成，文言は日本政府仮訳より引用）

「持続可能な開発目標：SDGs（Sustainable Development Goals）」を掲げた．このSDGsは2015年までの期限となっていたミレニアム開発目標（MDGs）の後継として位置付けられており，その特徴の1つは対象が途上国の人のみならず，先進国の人も対象にされているところである．さらにSDGsは「すべての人」に対する支援，「誰一人取り残さない」支援に向けて17の目標と169のターゲット

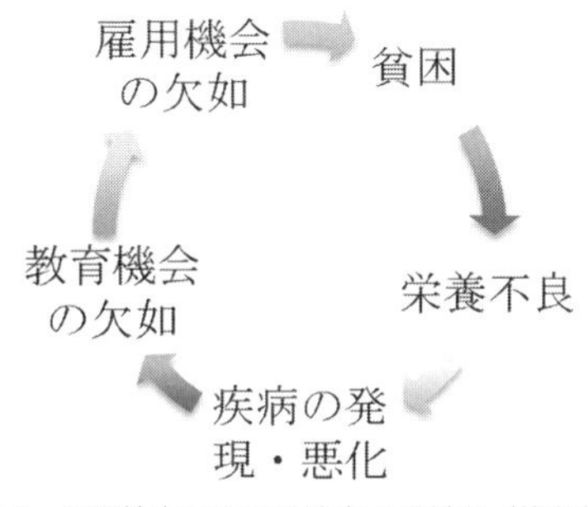

図 9.2　国際協力における障害の悪循環（筆者作成）

を掲げている．その中で明確に障害者について言及しているのは目標 4（すべての人々への，包括的かつ公正な質の高い教育を提供し，生涯学習の機会を促進する），目標 8（包括的かつ持続可能な経済成長およびすべての人々の完全かつ生産的な雇用と働きがいのある人間らしい雇用（ディーセント・ワーク）を促進する），目標 10（各国内および各国間の不平等を是正する），目標 11（包摂的で安全かつ強靱（レジリエント）で持続可能な都市および人間居住を実現する），目標 17（持続可能な開発のための実施手段を強化し，グローバル・パートナーシップを活性化する）の 5 つの目標の中の 7 つのターゲットである（図 9.1 参照）．

この明確に言及されているところ以外でも，「脆弱層」，「脆弱な立場にある人々」，「包摂的」といった障害者を対象に含む含めた目標やターゲットが多くあることからも，SDGs において障害者がこれまでの支援で取り残されてきてしまったグループの 1 つであるという認識があることが伺える．特に，目標 1（あらゆる場所のあらゆる形態の貧困を終わらせる），目標 2（飢餓を終わらせ，食糧安全保障および栄養改善を実現し，持続可能な農業を促進する），目標 3（あらゆる年齢のすべての人々の健康的な生活を確保し，福祉を促進する），目標 4（すべての人びとへの，包摂的かつ公正な質の高い教育を提供し，生涯学習の機会を促進する）の目標は障害の悪循環をなくすために必須の目標である（図 9.2 参照）．

9.2　障害者権利条約との関連性

2006 年 12 月に国連において「障害者の権利に関する条約：Convention on the Rights of Persons with Disabilities（以下，障害者権利条約という）」が採択された．この条約は子どもの権利条約，女子差別撤廃条約に続く3つ目の国連で採択された人権条約である．障害者の人権や平等を確保することを目的とし，障害者にとって何が差別になるのかという定義を明示し，条約を批准した国が対応すべきことを記載した国際的な指針である．日本政府は2007年9月28日に署名し，2009年3月に批准をする意向だったものの，国内の法律や制度の整備が不十分である状態での批准に障害者団体が反対した結果，批准が見送られた．その後，政府内に「障がい者制度改革推進本部」が設置され，障害者権利条約の締結に必要な国内法や障害者制度の改革が行われ，日本政府は2014年1月に障害者権利条約を批准した．

SDGsは同じく国連で採択されたものであり，障害者権利条約の採択後に採択されているため障害者権利条約の実施を前提としていることが考えられる．しかしSDGsは広い範囲を網羅していることに加え，対象が途上国のみならず先進国も含まれるため，日本政府としては自国の政策におけるSDGsの達成と，国際協力におけるSDGsの達成の両方が求められる．他方で，SDGsの達成に関しては法的拘束力がなく，あくまで各国の努力目標として設定されていることから，なかなかSDGsに対する理解や活動が一般市民や企業に浸透しにくい．それに対して障害者権利条約は批准国に報告義務を課しており，日本は2016年6月に行ったためその審査が2020年に行われることが想定されている．昨今では，SDGsに対する動きが経団連などの民間側でも度々目にするようになってきており，SDGs設定当初よりは意識が高まりつつある状況にあると思われる．もちろん，SDGs親善大使などの広報効果も一定程度あるものと思われる．冒頭に記載したように，東京オリンピック・パラリンピックの開催に合わせた障害者に関する報道も増えてきており，良い流れが生まれている．そのため，2020年の障害者権利条約批准後の審査についても，日本国内の活動や国際協力の事例を官民一体となって取り纏め，日本としての進捗報告を世界に対して行うことが望ましい．

障害者権利条約は第32条において「国際協力」について明記している．本条は努力義務として記載されているものの，積極的な取り組みが望まれる．日本の場合は，国際協力の実施機関である国際協力機構（JICA）を通じた「障害と開発」分野への取り組みが少しずつ強化されてきている．障害と開発にはツイントラックアプローチが用いられており，「障害の主流化」と「障害に特化した取り組み」の2つが両輪として事業が進められている．JICAにおける「障害の主流化」は，

「開発協力におけるすべての取り組みにおいて障害の視点を反映し障害者が受益者あるいは実施者として計画策定や活動実施を含む一連のプロセスへの参加をすることを保障する取り組み」とされている．また「障害に特化した取り組み」は「障害者やその家族を主たる受益者とした，エンパワーメントや能力構築，機能障害に対する取り組みの充実など，障害者が他の人々と等しく人権を享有するための取り組み」とされている[2)]．これら2つの方針を実施していくためには，障害当事者の参加が必要であり，今まで以上に障害当事者団体などとの協力体制を構築していくことが求められていくことになるだろう．そして開発協力に携わる人々の意識の変化が重要になってくる．本章の冒頭で述べたように，バリアフリー社会や障害の主流化の推進にはハード面のみならずソフト面の拡充が非常に重要である．それは支援する側のソフト面にバリアがあると支援の恩恵が受けられない「取り残される人々」が出てくることになり，「すべての人への支援」が達成できなくなるからである．

9.3　スリランカにおける障害者支援—Sahan Sevana—

本節では，スリランカで継続して行われている障害者支援の1つであるSahan Sevanaを紹介する．

Sahan Sevanaは障害者（特に知的障害者）を雇用しているクッキー製造工場である．SDGsの中では目標8の「働きがいと経済成長」という障害者の雇用に対する支援で，国際協力から現地の企業による支援と変化した良い事例である．また，雇用の場合，学校ではないが働いていく上で必要である知識などを教育している職業訓練の側面も併せ持っているため，目標4「質の高い教育」にも関連しているといえよう．その始まりは，1999年から2009年までの10年間，日本のNGOによる障害者支援であった．障害のある人への雇用を目的としたNGOの支援は，クッキーを作って販売するといういわゆる日本の事業所のようなものであったが，同時に働く障害者を支援する障害のないスタッフへの教育なども行っていた．働いていた障害者スタッフの継続希望の声があったものの，その支援は10年間で終了してしまったため，当時現地でボランティアとして活動に参加していたスリランカ在住の日本人女性がスリランカの大手製菓会社セイロンビスケッツと交渉し，CSRとしてセイロンビスケッツがNGOの支援を継続する形で障害者の雇用を行うことが決定し，2010年1月18日よりSahan Sevanaという名称でクッキー製造工場が開始された．日本の国際協力で開始した活動が現地の民間会社に引き継がれた良い例である．

Sahan Sevanaでは現在20名の障害者（主に知的障害者）を雇用し，サポート役としてセイロンビスケッツから4名のスタッフが派遣されている．障害のある従業員には給与の他に，福利厚生として社会保険の加入に加えて，制服貸与，月に1回の医師の訪問，そして毎日の朝食，昼食，2回の紅茶，誕生日プレゼントを提供している．

通常の一日の動きは表9.1にある通り，8時までに出勤し，その後体操・朝食を取った後に制服に着替えて朝礼を行い，爪は切ってあるか，髭は綺麗に剃っているかといった従業員が清潔を保っているかをチェックし，今日製造するクッキーの種類を伝える．通常販売しているクッキーは6種類あり，加えてオーダーベースで製造するクッキーがある．どのクッキーを製造するかは日によって異なる．従業員の障害の特性や本人の希望によって，クッキー製造にかかる担当部分が決まっており，小麦粉などの材料を計る担当，捏ねられた生地を絞り出す担当，オーブンの温度を調整してクッキーを焼く担当，焼きあがったクッキーを袋詰めする担当など，担当ごとに仕事内容が細分化されている．

基本的には毎日クッキーの製造を行っているが，障害のある従業員たちに対して働くために必要である知識などの教育，レクリエーション（年に1回の社員旅行など）や自信をつけるための活動も行っている．スリランカは多民族国家であ

表9.1　Sahan Sevana一日の動き

時間	従業員の動き
8：00	出社
8：05－8：15	朝の体操
8：15－8：30	朝食
8：30－8：45	朝礼
8：45－12：15	クッキー生産
12：15－12：45	昼食
12：45－16：30	クッキーの袋詰め
16：30－17：00	清掃し，終了

（筆者作成）

図9.3　Sahan Sevanaでのクッキー製造の様子（筆者撮影）．

るがその多くが敬虔な仏教徒であるため，Sahan Sevanaでも年に数回ある仏教行事への参加やお祈りなどを行うと同時に，仏教行事の作法なども教育している．お正月には親や家族にプレゼントをあげる習慣がスリランカにはあり，Sahan Sevanaで働くまではいつも「もらう側」であった障害者たちが，自分のお金で家族にプレゼントを買い「あげる側」になることによって彼らに自信がついていき働く意欲も向上するため，従業員全員でプレゼントを買いに行く日も設けている．

また，働くために必要である教育として特に重要視しているのが性教育である．Sahan Sevanaの従業員の多くは知的障害者であり，時間をかけて何回も必要なことを教えていく必要があるため，クッキー製造の合間を縫って数人ずつのグループで話し合いの時間を設けている．サポートメンバー4名のうち3名は女性であり，従業員に対して平等で対等に接することから信頼されており，恋愛感情を抱かれることが多い．特にサポートメンバーのリーダーの女性には従業員全員が信頼を置いているため，「結婚したい」といわれることも多々あるようである．障害のある従業員の半分以上は男性で，全員20歳以上の成人であることから性的なことにも興味を持っているため，「ここは働く場所であること，恋愛感情を職場には持ち込まないこと，裸で歩き回ったりはしないこと」といったことを何回も繰り返し時間をかけて教えている．これにより，性犯罪の予防や性被害の軽減に繋がっている．

加えて，Sahan Sevanaでは通勤も一人で行えるように訓練している．初めは家族と一緒に通勤し，どのバスに乗るのか，どこで降りるのかと行ったことを教える．そして親は後ろの座席に座り，本人は一番前の席に座るようにさせて降りる場所の景色を覚えさせる，ということを繰り返していく．またバスの運転手にも協力を依頼し，降車場所に着いたら知らせてもらったり，バスが途中までしか行かないようであれば携帯でサポートスタッフに連絡をするようにしてもらったりしている．約3ヶ月のトレーニングでほとんどの障害のある従業員が自立し，自分一人での通勤が可能となる．

Sahan Sevanaは障害者を雇用してクッキーを製造する工場という役割のみならず，障害のある従業員たちに一人で通勤できるようにし，スリランカで生活する中で必要なお祈り，仏教の行事などに参加できるようにし，さらにお金を稼いで家族の中での立場を変えることによって彼ら／彼女らが自立して生活できるよ

表 9.2　バリアフリー化による変化

ハード面の変化	ソフト面の変化	
	周囲の変化	障害当事者の変化
・クッキー製造工場の場所の新規確保 ・クッキー製造に必要な道具の整備 ・従業員への給料支払い ・福利厚生の充実 など	・親や家族の気持ちの変化（障害があっても一人で通勤や仕事ができるという理解の促進） ・バスの運転手の理解と協力体制の構築	・練習したら一人で通勤できる ・クッキー製造の一過程を担える ・お金を稼ぐことができる ⇩ **自信がつく・エンパワーメント**

（筆者作成）

うにエンパワーしている．家族の稼ぎ頭になっている人もおり，自分の仕事に誇りを持っている．ここ2年くらいで彼らの生産するクッキーは人気が出てきており，業績も良く黒字になっている．生産依頼も多く，土日も休みなく働いている従業員もいるようであるが，その全員が自ら希望して働いている．

このSahan Sevanaの活動はまさにバリアフリーのハード面とソフト面の両方が整備されており，障害当事者のみならず，従業員の家族や親戚，セイロンビスケッツの関係者，バスの運転手をはじめとする周囲の人々の障害者に対する意識が変革されつつある（表9.2）．ハード面としては，セイロンビスケッツにより，クッキー製造に必要な場所や道具，材料が提供されている．そしてソフト面では上述した様々な取り組みにより，障害当事者たちは誰かに頼らなくても自分自身でできることが増えたことにより自信がつき，エンパワーされた．それと同時に家族や周囲の人々も障害者に対する考え方が変化し，自立した一人の人間として認めるようになる．

現時点では，良好な業績に伴い事業が拡大される予定ではあるものの，このような良い状況を如何に続けていけるかがSahan Sevana継続の鍵となるため今後も注視していきたい支援であるものの，日本のNGOの国際協力支援から始まり，支援期間終了時には活動が無くなりそうになった事業が現地企業に引き継がれ持続可能となった非常に良い例であることは間違いない．

9.4　SDGs実施に向けた提言—すべての人への支援のために必要なこと—

スリランカの事例から，SDGsの達成に向けた現場での取り組みが民間ベースで上手く進んでいることがわかる．障害者に対する支援に限らず，どの分野の国際協力においても協力期間終了後にどのような成果が出たのか，今後どのように継続していくのか，ドナーからの資金援助がなくなった後も「持続可能かどうか」は非常に重要であり，SDGs の達成とその成果を継続させよりよい社会を構築するために重要な課題である．Sahan Sevana は最初の 10 年間は日本の NGO の支援であった．当初日本の支援終了後は事業の継続性が困難と思われていたが，幸運にも現地の大手製菓会社の CSR として形態は変えつつも障害者の雇用支援としてのクッキー生産を行うという形で継続が可能となった．しかし，事業が黒字となるまでに 6 年を要したことからもわかるように，障害者への支援は他の支援と比較して成果が出るまでに時間がかかる．また初期投資も対障害者と対非障害者では金額が異なり，障害者への支援は高額になる．しかしこの初期投資が重要であり，最終的には想像以上の成果を生み出すのである．国際協力などを契機に始まるような事業も，ドナー側が退いた後も持続的に活動していけるような道筋を如何に予め検討しておくことができるのか，自立した活動を実施するためにどのような仕組みを作っておくことが必要かを考えておくことが重要である．また，活動の内容によっては行政による補助や補填が必要な部分もあり，社会全体としてどのように取り組んでいくのかを考えていく必要がある．後者の場合，国の社会保障制度や福祉制度がどのように整備されているのか，どのような体制が望ましいのかを検討する必要があり，一民間企業や NGO の活動のみで変更させることは難しい．そのため，国の制度や法律を改善するためには，JICA のような国際協力機関による政策面といった上流部分の支援が不可欠であり，トップダウンとボトムアップのアプローチを上手く結び付けていくことが求められる．

このトップダウン型の政策面などの上流部分の支援は，「障害の主流化」にも密接に関係しており，非常に難しい活動といえる．それは，上記の JICA の定義にもあるように，国際協力の「すべての」取り組みにおいて障害の視点を入れる必要があるからである．つまり，政策や法律を検討するに際しても，障害当事者の参加や障害当事者の視点に基づいた検討が必須となるということである．例えば，聴覚障害者と会議をするためには手話通訳者をつける必要があり，専門家として身体障害者に現地に赴いてもらうためには介助者をつける必要がある．このような合理的配慮は一見するとコストが余分にかかると考えられ，なかなか実施が進まないのが現状である．しかし，この障害の主流化が実施されなければ「誰一人取り残さない，すべての人への支援」というSDGsの目標達成は難しい．社会全体をより良いものに変えていくために，どのようにマクロとミクロ面を繋いだ社会の改善ができるのか，ハード面でもソフト面でもバリアフリーな社会を構築していけるのかが目標達成につながるため，各種事例を踏まえつつ今後も検討を続けていきたい．

注と参考文献

1) 「障害者」という表記についてはいくつかの議論がある．「害」という字の意味が「害を与える人」といった否定的な意味として捉えられる可能性があるからである．そのため「障がい者」や「障碍者」と表記されることもあるが，本章では障害は社会によって起こされていると考えていること，また数名の障害当事者の聞き取りから「表記は特に問題視していない」ことから，筆者の表現は「障害者」とする．但し，国の政策などの表記に関してはそれに従うことにする．
2) 国際協力機構（2015）より抜粋．

・久野研二（2018）：国際協力．障害者権利条約の実施—批准後の日本の課題—（長瀬　修・川島　聡編），新山社．
・国際協力機構（2015）：すべての人々が恩恵を受ける世界を目指して『障害と開発』への取り組み．
・島野涼子（2013）：障害分野に関する国際協力への日本の取り組み．横浜国際経済法学，**21**（3），pp.411-424.
・島野涼子（2017）：すべての人に対する支援とSDGs—不可欠な障害者支援，スリランカを事例に—．持続可能な開発目標と国際貢献—フィールドからみたSDGs（北脇秀敏 他編），朝倉書店．
・長瀬　修（2018）：障害者権利委員会—報告制度．障害者権利条約の実施—批准後の日本の課題—（長瀬　修・川島　聡編），新山社．
・NPO法人ぱれっと：国際支援　ぱれっとインターナショナル・ジャパンウェブサイト．http://www.npo-palette.or.jp/international/index.html（2019年2月26日閲覧）
・United Nations Department of Economic and Social Affairs（2018）：Realization of the Sustainable Development Goals by, for and with Persons with Disabilities：UN Flagship Report of Disability and Development 2018
https://www.un.org/development/desa/disabilities/wp-content/uploads/sites/15/2018/12/UN-Flagship-Report-Disability.pdf

10. 都市コミュニティとSDGs

10.1 都市開発とスラム

2001年のミレニアム開発目標（MDGs）のゴールのひとつ，「環境の持続可能性の確保」のメインターゲットであった「2020年までに最低1億人のスラム居住者の生活を大幅に改善する」に関する報告では，2015年には目標を大幅に超える3.2億人の居住者が改善された水源および衛生施設または改善した居住環境を得たと報告され，貧困問題を主軸としていたMDGsの大きな成果のひとつとなった．同時に見過ごすことのできないのは，1990年には6.89億人であったスラム居住者は，2015年度には8.8億人を超えたという衝撃的な報告である．増え続けるスラム居住者というダイナミクスは，今日においてさらに加速する新興国からの直接投資による大規模開発や，中心市街地の再開発が進むアジアやアフリカの都市を嘱目すると痛いほど実感させられる．2015年の持続可能な開発目標（SDGs）では，スラムというワードは「包括的で安全かつ強靱（レジリエント）で持続可能な都市及び人間の居住地を実現する」目標のターゲット「2030年までに，すべての人々の，適切，安全かつ安価な住宅および基本的サービスへのアクセスを確保し，スラムを改善する」として冒頭に登場し，水資源や衛生面に限らず，“住まい方”としての意味合いが強い．当目標のターゲットには，スラムに限らず社会的弱者や高齢者，文化遺産の保護，農村とのつながり，災害リスク管理なども含まれ，より総合的で連携した都市づくりの中に位置付けられたのが特徴といえる．

本章では，急速な都市化とともにスラム改善事業をアジアのなかでも先駆的に進めてきたタイ王国を取り上げる．仏教国として国民的規律と豊かな文化資源を持ちながらも，経済発展による環境問題や政治不安により，首都バンコクを筆頭にその社会生活は大きく変化をみせてきた．本章の後半では，2017年から住宅事業を開始したコミュニティの実態と葛藤を紹介し，その具体事例をもとに現代の開発問題の実態と，開発目標の実現に向けての可能性を探ることとする．

10.2　タイ王国の事例

10.2.1　都市化とスラムの拡大

1728年にタイの首都が現在のバンコクに移ってから1世紀ほどは，今や観光地として有名なエメラルド寺院や宮殿が立地する運河と城壁で囲まれた約10 km^2の土地のみが首都の市街地とみなされ，その周辺には木造の浮き家や高床式住居による庶民の家が広がっていた．20世紀に入ると，壁内だけでは王室機能を収めることはできず，宮廷が城壁外に遠隔して建設されるとともに[1)]，公共施設，住宅，道路などの都市機能が次々と広がっていった．バンコクの統計上の人口は1920年代頃までは50万人弱であったが，1950年に100万人を超え，さらに1960年から1990年までの30年の間に，およそ200万人から600万人へと，約3倍となった．この頃の急速な人口増加は，当時“世界最悪”と呼ばれた道路渋滞をはじめとする都市環境問題を深刻化させるとともに，大きな地域格差をもたらした．仕事を求め多くの季節労働者や移民が都市に流入し，都市の過密によるスラム問題，農村部のさらなる貧困という問題を深刻化させた．

都市へ流入した労働者がアクセスできる住宅市場はなく，空き地や沼地，河川沿い，寺院裏など，土地所有が不明確な土地に自ら家を建て「スラム」を形成していった．スラムに居住する住民数は，1960年には約36万（バンコク全人口の16.5%），1970年には67.2万人（19.1%），1980年の99.1万人（19.2%）をピークに，1990年代は95万人（17.4%）へと減少をみせたが，1997年アジア経済危機の影響を受け2000年に130万人（22.6%）へと再び増加した[2)]．2009年の国家住宅公社（NHA: National Housing Authority）の調査では，約1,700のスラムが「低所得者層居住地」として記録されており，その分布をみると（図10.1），バンコクの都市化の軌跡をたどるように，中心から郊外へと広がっていることがわかる．

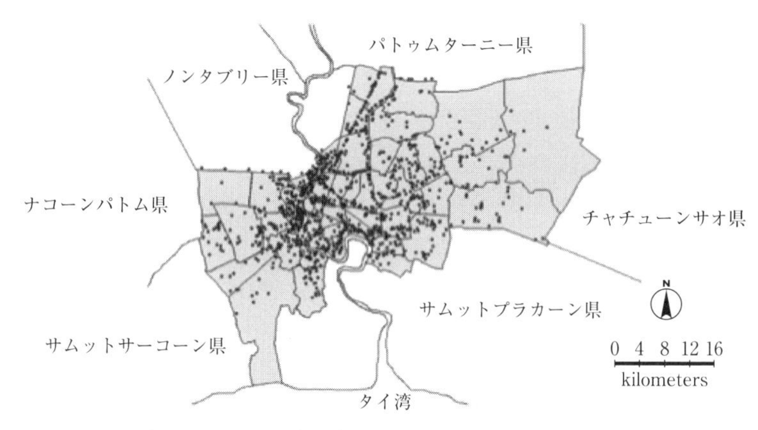

図 10.1　バンコク都の行政区におけるスラムの立地
（出典：NHA 提供 GIS データ，2009 をもとに筆者作成）

10.2.2　タイのスラム対策事業と住民組織の変遷

タイの国家経済社会開発計画が五カ年計画として初めて打ち出されたのは 1961 年である．スラムが社会問題として認識され始めたのはこの頃からであり，第三次計画（1972～1976 年）では，10 年間でバンコクのスラム問題を解消することが目的として掲げられ[3]，1973 年に NHA が設置された．NHA は低所得者層向けの集合住宅建設を主な事業としており，撤去移転を基礎としたサイトアンドサービス，土地分有を試みたランド・シェアリングなど，移転事業が次々と進められた．しかし，移転先の集合住宅は経済面，立地，生活スタイルなどがスラム住民の能力に対応しておらず，住民が定着するケースは限られていた．

1980 年代に入ると，都市中心部の密集したスラム以外にも，郊外住宅地のインフラ不足や環境問題が深刻化していったことを受け，バンコク都は 1985 年に「住民委員会[4]に関する都規約」を策定し，コミュニティの登録を開始した．これにより，コミュニティと行政との窓口として住民委員会の設置が義務付けられ，メンバーは 2 年に一度の住民投票で正式に決められることになった．

コミュニティの登録および住民委員会の設置がスラムを中心に進んだ理由のひとつとして登録によって受けることのできるバンコク都からの活動支援（一律 5,000 バーツ（約 1 万 6 千円））がある．しかしながら，支援目的は公的な使用に限られており，しかも残額の繰り越しは認められず，毎月使い切らなくてはいけなかった．よく耳にする苦情には，書類の印刷の場合にはコミュニティの有志で購入したプリンターがあるにも関わらず，わざわざ印刷屋に注文し領収書を受け取らなくてはいけないといった，制度の古臭さや，中長期の活動計画が立てられず，単純な活動に終始せざるを得ない，といったものがあった．住民活動の管理，予算の配分，毎月の報告書の作成，毎月の区役所でのリーダー会議への出席など，活動の発展とともに，リーダーを中心とする住民委員会の負担はさらに増加していった．2015年以降は，一律ではなく人口規模に応じて支援金が出ることになったが，使途の制限は相変わらず不便なものになっている．

この時期は，「民主化の時代」と呼ばれた1990年代の社会的な動きを受け，小グループを対象にしたバングラデシュのグラミン銀行や，コミュニティが抵当責任を負うフィリピンのコミュニティ抵当融資事業など，周辺諸国の先行するマイクロクレジット融資事業の成果を参考にしたエンパワーメント政策が打ち出されるようになった時期でもあった[5)]．住民リーダーはこうした取り組みの活発化を目指し，委員会やその周辺の住民を組織し，住民委員会を筆頭としたコミュニティ内の新たな組織化を試みるようになった．しかしながら，組織化の質はコミュニティによって様々であり，一人の住民リーダーが住民委員会代表を努めるとともに，他の活動グループの長もすべて兼任する，というようなケースが頻繁にみられるようになった．

1990年代後半に入ると，NHAのもと1992年に設立した都市コミュニティ開発事務所（UCDO）による低金利住宅ローン事業が都市スラムを対象に広がるとともに，各コミュニティで組織された貯蓄組合のネットワーク化が進められた．当初はローン返済の停滞などを受け，運用の見直しおよび返済能力の向上を目的とするものであったが，コミュニティを超えた住民同士の情報提供や技術支援を通じて，地域内でさらにグループ同士が結びつくとともに，新たにネットワーク回転資金が設立されるなど，地域レベルでの組織化が活発になっていった．こうしたネットワーク化は，閉鎖的になりがちであったスラム内での組織や活動に，より柔軟な交流を生む機会となり，社会的にも注目を浴びた．個々のコミュニティ内の問題が，地域の共通問題としてつながり合うことで，より広範なNGOや市民団体，そして行政とのコミュニケーション場を生んだのである．

さらに，1997年のアジア経済危機以後になると経済社会回復策として打ち出された経済政策のうち，コミュニティの自助努力を推奨する方策が増加し，初めて公式に住民組織をターゲットとした直接投資が行われるようになった．王室の

「マザーファンド」，内務省安全管理局による「反麻薬活動資金」，タクシン・チナワット元首相による，「一村一品事業（OTOP）」や「村落基金（100万バーツ投資）」など，都市だけでなく農村の貧困コミュニティを対象とした事業が全国規模で推し進められていった．この頃から，いかにこれらの事業を受け，利益を得られるようコミュニティで運営するかという経営的能力が住民組織に求められる傾向がみられた．従来の地域代表型の住民委員会とは別に，事業ごとに組織を形成する動きも活発化した．こうした動きは，新たな人材能力の向上，雇用の創出を生んだが，その一方で不透明な経営体系に対する組織間の不満，対立なども新たに生まれ始めるようになった．組織が重層的に，かつ複雑に乱立し，表面的なコミュニティとしての組織と，活動実態とのギャップがさらに都市におけるコミュニティを不透明なものにしていったといえる．

タクシン元首相を巡る政治混乱の末，2007年憲法に基づき制定された「2008年コミュニティ組織協議会法」は，すべての行政区において「コミュニティ組織協議会」を設置し，自治体，県および国レベルでの行政との意見交換，政策提言，協働を可能とする，都市づくりの基盤形成が意識されたものであった．バンコクでは，行政関係者の予想を反して，全国のなかでもいちはやく協議会の設置を実現しており，近年では，これまで貧困層とは関わりのないとされてきた中間層の住民組織の参加や，集合住宅で新たに作られた組織の参加が新たにみられるなど，新たな参加の形態がみられている[6]．

10.3　都市コミュニティの実態から

本節ではバンコク都の中心を流れるチャオプラヤー川沿いに位置するヤナワー区のスラムを取り上げる．1997年から渋滞緩和や物流の運搬効率を目指し，日本との円借款事業として建設された産業環状道路（Outer-Ring Road）の高架下に位置するコミュニティである．データは2012年より実施した定点観察と住民ヒアリングにより収集されたものである．

10.3.1　対象コミュニティの概要

“Yen Arkard Song”という名前を持つコミュニティは，2018年時で約1,700人，362世帯が居住しており，「過密コミュニティ」としてバンコク都に登録されている．1978 年頃からバナナなどの果樹園だった土地に徐々に人が集まり，1997 年にバンコク都の登録を受けた．当初，土地は政府所有と民間所有のエリアに分かれており，1990 年に民間所有の土地の住民は立ち退きを受け，バンコク最東部にあるノーンケーン区に用意された分譲住宅地へ移動した．しかし，その頃まだ当該地には農村利用地も多く，ありつける仕事も少ないといったことから，ほとんどの住民が居住権を転売し，Yen Arkard Song コミュニティに戻ることとなった．これにより，縮小したコミュニティはさらに過密化した．コミュニティ内には緊急車両が入ることのできる道路はなく，1992 年の火災では 77 戸，2000 年の火災では 33 戸全焼，44 戸が一部焼失する事故が発生した．火災後は消防と警察による検証のうえ，各世帯による立て直しがあり，現在に至っている．

このコミュニティの空間的特徴として，過密でありながらも中心部にコミュニティセンターを維持管理している点，その隣に行政支援を受ける保育園を運営している点，高架下をオープンスペースとして利用している点があげられる（図 10.2，10.3）．住民の仕事はバイクタクシー運転手，露天商など，収入が不安定なものが多いが，近年ではビルの清掃員やカフェの店員など，フォーマルセクターに従事する住民も少しずつであるが増えてきている．

住民委員会は 10 名で構成されており，リーダー，副リーダーを筆頭に，記録，情報管理，セキュリティ，オープンスペース管理，事務局，ファイナンスといった役割に分かれ，主に以下の活動を行っている．

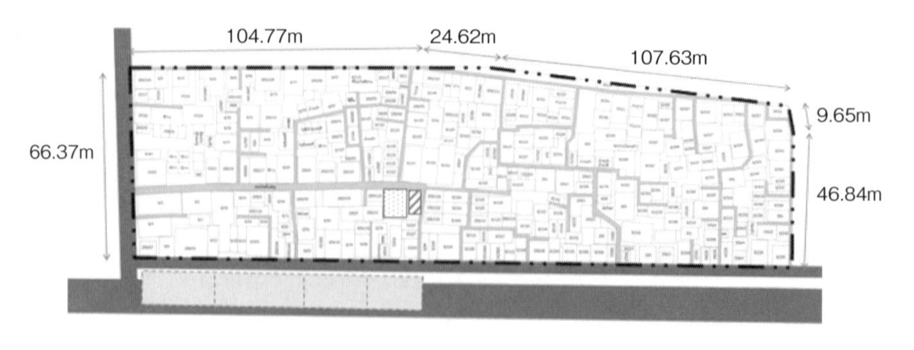

図 10.2　現在のコミュニティ
（CODI 資料をもとに筆者編集）

図 10.3　唯一歩幅を確保している道路

■ Saving Group for Welfare：1 世帯あたり 1 日 1B を貯蓄する．有事に係る支出（入院や葬式代）などに充てる

■ Elderly Group：移動困難な高齢者を訪問し健康チェックを行う

■ Youth Group：音楽，エアロビクス，フィットネスなどをオープンスペースで夕方から夜間に行う

委員はこれまで住民投票によって決められてきたが，2014 年からの軍事政権のもとではコミュニティ内での選挙は禁止され，区役所での申請を通して決定されるようになった．しかしメンバーの大きな変化は出ておらず，他コミュニティと同様に新しいメンバー不足という課題を抱えている．現在のリーダーは当コミュニティに 57 年住む 50 代女性であり，コミュニティ間のネットワーク組織や，ヤナワー区のコミュニティ組織協議会へも積極的に関わっている．以前はコミュニティ内の屋台で焼き鳥を売っていたが，現在は専業主婦として活動を続けている．

住民委員会はコミュニティセンター（図 10.4）に拠点を置いており，夜間以外は常に開放されているセンターでは，高齢者を主とした住民が自由に行き来し歓談する様子がみられる．委員を 20 年以上務めている 70 代女性は，子供が巣立つとともに他の住宅地へ移る機会もあったが，馴染みの住民との交流を求めてこのコミュニティに戻ってきた．コミュニティとしての空間を生かし，住民同士のつながりによって維持管理がされている特徴的なコミュニティであるといえる．

図 10.4 コミュニティセンター

10.3.2 住宅事業の取り組み

当コミュニティはコミュニティ組織開発機構（Community Organization Develioment Institute: CODI）が提供するバーンマンコン住宅事業（Baan Mangkok Program: BMP）のパイロット事業として 2001 年に採択を受けたが，その後意見がまとまらず中止となった．その後，過密や老朽化がもたらす住環境の悪化や，麻薬問題，高速道路からの公害が深刻化したことを受け，2017 年に事業を再開した．BMP の特徴は，企画から計画まで住民主導で行われるなど，コミュニティとしての協働プロセスが重要視されている点である．建て直される住居は，長屋形式のものとアパート形式の 2 種類あり，世帯の能力によってサイズが選択される（表 10.1）．住宅を建てる権利は，現在コミュニティ内に持ち家または借家としてでも居住経験があることと，購入する住宅価格の 1 割の貯金があることが条件となっている．貯金は住民委員会が新たに組織する Cooperative Group of housing（住宅協同組合）によって各世帯より回収され，全体の金額は毎月公開されている．家屋前のスペースや電灯など公的な利用に限られてはいるものの，1 戸につき 4 万 5,000 バーツ（B）の補助金が CODI から支給される予定である．

表 10.1 BMP による住宅設定

	面積	価格
長屋形式	24 m^2(4×6 m)	300,000 B
	36 m^2(6×6 m)	450,000 B
	48 m^2(4×6 m を 2 つ)	600,000 B
4 階建アパート（40 戸）	24 m^2(4×6 m)	100,000–150,000 B

プロセス	効果と特徴	
[1] 家の素材（コンクリート，木材とコンクリート混在，木材，とたん，その他）と状態（良い，普通，悪い）の確認	住宅を色分けで示し，全体像を把握することで，立て替えの優先順位を決める．	 実態把握マップ
[2] ゾーンとグループに分ける	住民の話し合いで決められた．漸進的かつ現実的に撤去と建設を進めることが可能．	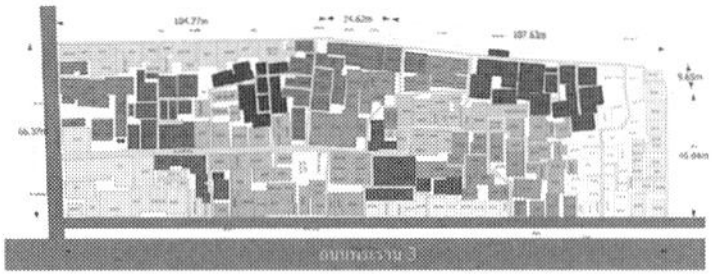 グループ別マップ
[3] 大きな黒色のシートのうえに，家のサイズを縮小した紙を置いていき，コミュニティ内の立地を把握	CODI 職員によって行われたワークショップ．参加を促し，協働の意識を促す．	 ワークショップの様子
[4] ダンボールでの理想の家（模型）づくり	CODI 職員によって行われたワークショップ．家に対する意識を持ち，また affordability（必要な空間とそれに伴う費用感）を認識するよう働きかける．	 出来上がった理想の家（模型）
[5] コミュニティのルールを独自に設定 ● 公共スペースに私物を置かない ● ゴミを片付ける ● 騒音を立てない ● 家の前に電灯を設置する ● 見回り活動に順番に参加する ● コミュニティミーティングに参加する	持ち家も，借家も，同じ条件として作成．しかし強制力はなく，40 世帯がこのルールに従っていないのが実態である．	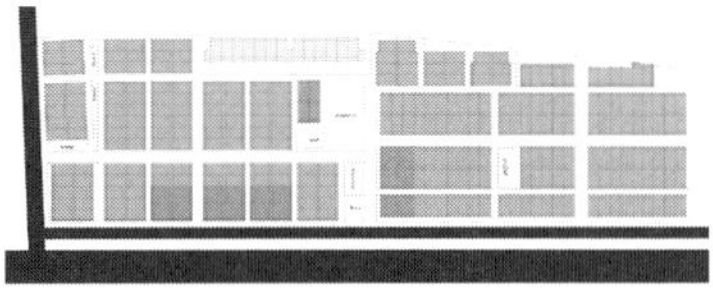 2019 年 3 月の段階での BMP 計画図

図 10.5　BMP のプロセスおよび効果と特徴

図10.5に示すように，CODIや区の職員からの助言を受け，参加型ワークショップなどを通して段階的に計画が作られているのが特徴的である（図10.5）．2018年からは東洋大学国際学部の研修調査フィールドとしての交流も生まれている．一方で，立て直しに伴う金銭的負担や拘束などが明らかになるにつれ，反対の意を示す住民も出てくるという新しい課題も顕するようになり，住民委員会や関係者が協力し，友人や知人を通しいかに長期ビジョンを示しつつ説得していくかが重要になっている．

10.4　SDGsからみる都市コミュニティの課題と可能性

タイの事例においても，スラム改善事業の移り変わりとともに，住民組織の役割と活動も複雑かつ広域に広がっている様相は，SDGsがスラムを対象としていた都市課題を，包括的かつレジリエントと捉えた背景を表しているようにもみえる．現代のグローバル化はより社会を複雑化させ，地域社会におけるつながりの意義が問われているともいえよう．しかしながら今回取り上げたコミュニティの事例から垣間見えるように，住民組織そのものや，様々な外部機会との連携を支えているのは，環境の改善という共通の目的を見出し，生活レベルで交流する住民の日々の積み重ねであり，その活動の拠点を築くコミュニティレベルの小さな中心的空間が重要であることがわかる．SDGsが提唱する長期的なビジョンがもたらす，個々の活動の横との連携や，持続性，そしてそのプロセスごと検証および評価をどれだけ柔軟に引きつけ連携していくかが，本事例から学べる課題であり可能性であると考えられる．今後もその可能性をフィールドをメインとした様々な側面から探っていきたい．

注と参考文献

1)　重冨真一(1998)：土地開発と土地利用規制制度．アジアの大都市[1]バンコク(田坂敏雄編)，日本評論社，p.110.

2)　遠藤　環（2011）：都市を生きる人々—バンコク・都市下層民のリスク対応，京都大学学芸出版会，pp.47-49.

3)　新津晃一（1998)：第9章　スラム形成過程と政策的対応．アジアの大都市[1]バンコク（田坂敏雄編），日本評論社，pp.257-278.

4) タイ語でカマカーンは「委員」，チュムチョンは「(都市部の) コミュニティ」を指す.

5) 福島　茂 (2002)：アセアン 4 都物語　経済のグローバル化の接合と揺れ動く都市居住. SRID (国際開発研究者境界) NEWSLETTER No. 325, pp.2-5.
6) 柏崎　梢 (2015)：都市コミュニティをめぐる組織化と地域化. アジア・アフリカの都市コミュニティ:「手づくりのまち」の形成論理とエンパワメントの実践 (城所哲夫・志摩憲寿・柏崎　梢編著)，学芸出版社，pp.47-56.

11. SDGsと水道整備[1)]

—途上国の水道事業体の経営改善の必要性と日本の貢献—

11.1 SDGsにおける水道整備の位置づけ

SDGsでは目標6「すべての人々の水と衛生の利用可能性と持続可能な管理を確保する」という水・衛生に特化した目標が設けられている．その下の8つのターゲットは，水供給（ターゲット6.1），衛生（同6.2），水域の水質改善（同6.3），水利用効率の向上と持続的な取水（同6.4），統合水資源管理（同6.5），水域生態系の保全（同6.6），国際協力と能力構築支援（同6.a），地域コミュニティの参加（同6.b）となっている．

このうち水供給を扱うターゲット6.1「2030年までに，安全で入手可能な価格の飲料水に対する全ての人々の公平なアクセスを達成する」については，世界保健機関（WHO）と国際連合児童基金（UNICEF）がグローバルレベルでのモニタリングを担っており，表11.1に示す5段階の飲料水供給サービスを定義している（WHO and UNICEF, 2017, p.8）．この定義では，水道，井戸，湧水，雨水などの水源の種類に加えて，アクセス（水汲みの負担），利用可能性（必要な時に利用できる），水質（糞便性や優先度の高い化学物質指標の汚染がない）の観点が盛り込まれている点が特徴である．最も高いサービスレベルである「安全な給水サービス」は，敷地内で，少なくとも1日12時間以上使える，糞便性およびヒ素・フッ素の汚染がない給水サービスとされており，このレベルを目指すためには，特に人口密度の高い都市域においては，各利用者まで適切に浄水処理された水を供給する水道が果たすべき役割が大きい．

水道などによる水の供給は，ゴール6以外の他のSDGsの達成とも密接に関係している．貧困撲滅（ゴール1），都市開発（ゴール11）では，基礎的サービスへのアクセスの改善がターゲットに盛り込まれており，その中には飲料水供給

表 11.1　SDGs における 5 段階の飲料水供給サービス

安全な給水サービス	「基本的な給水サービス」に該当する水源で，敷地内にあり，必要な時に入手可能で[1]，糞便性指標や優先度の高い化学物質指標[2]の汚染がない.
基本的な給水サービス	改善された水源（水道，深井戸，保護された浅井戸・湧水，雨水）．往復，待ち時間含め，30 分未満の水汲み.
限定的な給水サービス	改善された水源であるが，待ち時間含め往復 30 分以上の水汲み.
改善されていない給水サービス	保護されていない湧水・浅井戸，ドラム缶や小さいタンクのカートの水売り，給水車.
表流水	河川，ダム，湖，池，渓流，運河，灌漑用水路.

1) 少なくとも 1 日 12 時間以上
2) ヒ素，フッ素

サービスも含まれる．健康（ゴール 3）では，水系感染症への対処や，水質による死亡および疾病の削減が謳われている．また，多くの国で水汲みが慣習的に女性や子供によって担われていることから，水汲み労働の軽減は教育（ゴール 4）やジェンダー（ゴール 5）にも貢献する（国際協力機構，2017-1, pp.6-10).

11.2　SDGs 達成に向けた途上国の水道整備の課題

日本における水道は，水道法によって「導管及びその他の工作物により，水を人の飲用に適する水として供給する施設の総体をいう」と定義されている．水道の普及率は 2017 年 3 月末現在で 97.9%となっており（厚生労働省，2017），ほとんどの国民が 24 時間いつでも，国が定めた水質基準を満たす水質の水を，屋内の蛇口で利用できるというサービスを享受している．しかし，途上国において同様のサービスレベルを達成している国は稀である.

WHO と UNICEF によるターゲット 6.1 の共同モニタリングでは，「piped water supply system」の普及状況を推計しており，これが水道の普及率にあたると考えられる．2015 年時点で，世界人口の 64%にあたる 47 億人が水道を利用しており，特に都市域では人口の 83%が利用していることから（WHO and UNICEF, 2017, p.105)，飲料水供給サービスにおける水道整備の重要性が分かる．図 11.1 は都市域における水道の普及率であり，南アジア，サブサハラアフリカを中心に，2015 年時点で 70%未満の普及率の国が 38 か国も残されている．途上国では都市における人口の増加が続いており，水道の建設が追い付かず，世界の都市域の水道普及率は 2000 年の 85%から 2015 年の 83%へと減少している．人

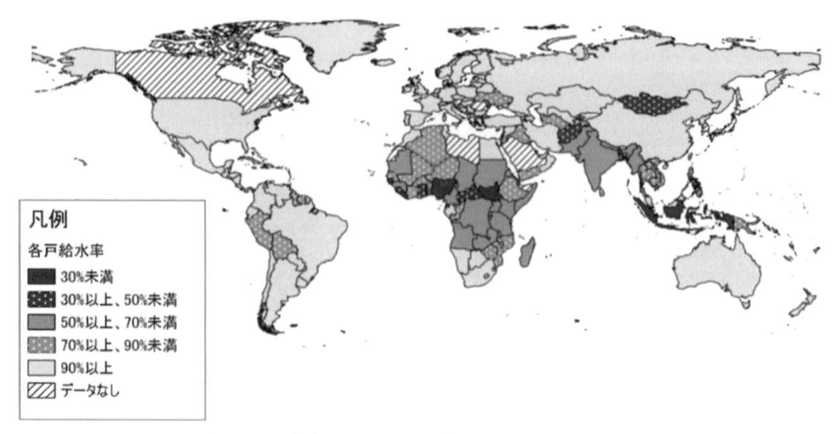

図 11.1　都市域における水道普及率（2015 年時点）
（WHO and UNICEF, 2017 より作成．本マップは国連地図をもとに作成しており，領土，国境などに関する筆者の見解を示すものではない．）

口増加や生活水準の向上に対応した水道の建設を進めることが，SDGs における大きな課題の 1 つである．

サービス水準に目を向けると，WHO と UNICEF は 2015 年時点で人口の 71% にあたる 52 億人が最上位の「安全な給水サービス」のレベルの飲料水供給サービスを利用していると推計している．しかし，「安全な給水サービス」を享受しているか否か把握できている人口が国の人口の 50% を超えているのは先進国を中心に 96 か国に過ぎず，途上国については中国，インド，南アフリカ共和国，ブラジルなどの新興国も含め，数字が把握できていない国が多い．アクセス，利用可能性，水質などのデータをモニタリングすること自体が課題となっている．また，途上国の水道サービスは市民の目から見ると，多くの問題を抱えている．一部の時間帯しか給水されない（時間給水，間欠給水），蛇口をひねっても水圧が不足して水が少ししか出ない，水質が悪く煮沸したり濾過したりしないと飲用できない，接続料が高く貧困層は負担が困難，などである．

これらの水道普及率や水道サービスの質の問題を改善するには，多額の投資が必要である．「安全な給水サービス」を達成するためには，水供給に対して年間 376 億ドルの投資が必要と試算されており（Hutton *et al.*, 2016, p.7），これは現在の投資額を大きく上回る（OECD, 2018, p.5）．そのため，SDGs 達成に必要な資金の調達が大きな課題となっている．日本の水道事業は，地方公営企業法が適用される独立採算の公営水道事業体によって運営されており（給水人口5,000人以下の小規模な水道事業を除く），施設建設費用は特定の政策目的に基づく補助金や一般会計からの繰入が10%程度，工事負担金が5%程度を占めているが，残りの約85%は水道料金を原資とする自己資金と企業債で賄われている（総務省自治財政局公営企業課，2013, p.44）．これに対して途上国では，水道料金水準が政治的な理由により低く抑えられている，料金徴収率が低い，「無収水」と呼ばれる，漏水や盗水などによって失われ料金請求の対象にならない水量が多い，などの理由により料金収入が十分ではなく，施設の建設や更新は補助金や援助に依存していて，十分に行われていない．政府開発援助（ODA）を含む公的資金では必要な投資額に対して大幅に不足するため，民間資金の動員に期待が寄せられているが，上水道・下水道に対する民間投資は2017年のデータで19億ドルに過ぎず，これはエネルギー，運輸，情報通信などを含む全セクターの2%に過ぎない（The World Bank, 2017, p.12）．しかもその90%は，ブラジル，中国，インド，メキシコ，トルコの上位5か国に集中しており，大多数の途上国においては民間による投資は進んでいない．その理由は，水道料金水準が低く，水道事業体の経営状態も良くないことが，民間企業から見れば収益性が低くリスクが大きいという判断につながるためと考えられる．

よって，SDGsの達成に向けた水道普及率やサービス水準の向上を進めるためには，水道事業体の経営を改善し，資金調達が可能な財務状況を実現することが重要である．

11.3　無収水対策に関する日本の国際協力の成果と課題

途上国の水道事業体の経営を改善するための支援として，近年増加しているのが無収水対策である．無収水とは水道システムに投入された水量（総配水量）のうち，料金請求の対象とならなかった水量のことであり，漏水などの実損失水量，および水道メーター誤差や盗水（違法接続）などによる見かけ損失水量から成る（Farley and Trow, 2003, pp.10-11）．途上国の無収水率は平均約35%というデータがあり，流量計が設置されていないなどの理由でデータが取得できていない水道事業体も多いことを勘案すると，実態としては平均で40〜50%になる可能性があるとも推定されている（Kingdom *et al.*, 2006, p.2）．すなわち，電力費や薬品費などの費用をかけて浄水処理や送配水を行っているにも関わらず，生産した水道水の半分程度は料金の請求すらできていないということになる．また，このような状態は水道事業が非効率であることを意味し，水道料金の値上げに対して政治家や市民の理解が得られないことにもつながる．そのため，無収水を削減することは，料金収入を増やすことで財務状況を改善し，投資に回す資金を確保することにつながるだけでなく，施設投資も含めたコストリカバリーに必要な適正な水準の水道料金を実現するためにも，重要であると考えられる．

日本の上水道事業（給水人口 5,001 人以上）は 2016 年のデータで 9.73%（安藤，2018-1, p.2）という低い無収水率を達成しており，1,300 万人以上の給水人口を擁する最大の水道事業体である東京都水道局は 3.99% である（安藤，2018-2, p.1）．これらの数字は世界的に見ても低く，JICA も日本の水道事業体に蓄積された無収水対策のノウハウを活用し，途上国に対する無収水削減のための協力を行っている．JICA は 1980 年代から漏水対策の技術協力を行っており，1989 年以降は漏水対策のみならず水道メーターの更新なども含む無収水対策全般について協力するようになった（松本，2017, pp.31-32）．当初は日本から途上国への専門家派遣や，途上国から日本への研修員の受入れという形態が多かったが，2000 年代に入ると，無収水対策自体を目的としたり，あるいは成果の 1 つと位置付けたりする，より規模の大きな技術協力プロジェクトが増加した．2005 年度以降に開始され 2015 年度までに終了した，無収水対策を目的あるいは成果の 1 つとする技術協力プロジェクトは 13 件ある．その後も件数は増加しており，2019 年 1 月時点では 11 件が実施中であった．その他の資金協力による管路の更新や水道メーターの設置なども，無収水の削減に貢献している．

日本の無収水対策の協力で最も顕著な成果を上げたのは，カンボジアの首都の水道を担うプノンペン水道公社（PPWSA）に対する支援である．カンボジアは 1970 年のクーデターから 1993 年の国民議会選挙まで，長い内戦状態が続いた．プノンペンの水道も荒廃し，1993 年当時の無収水率は 72% であったと言われている．JICA は 1993 年に復興に向けた上水道整備基本計画（マスタープラン）の策定を支援し，施設整備の計画を立てるとともに，当時のプノンペン市水道局に対して独立採算の公営企業化，料金徴収率の改善，漏水削減と盗水対策などを含む水道事業運営に関する提言を行った．また，1994 年から無償資金協力による管路の更新や浄水場の改修を行い，1999 年からは技術協力のための専門家の派遣を開始した．この時派遣されたのは北九州市の水道技術者であり，同市は2001年から水道管網の配水量を監視できる配水テレメーターシステムの導入を支援した．さらに2003年から2006年にかけて，配水テレメーターシステムの活用による漏水・盗水対策，漏水探知，管路敷設工事や維持管理に関する標準作業手順書（SOP）の作成などを成果の1つとする「水道事業人材育成プロジェクト」を実施した．これらの支援を受け，1993年から2012年までPPWSAを率いて卓越したリーダーシップを発揮した総裁の下，PPWSAは顧客リスト作成，料金徴収員に対する歩合給制度導入，盗水に対する罰則強化，盗水の報告への報奨金制度導入，配水管の更新，漏水修理班の組織，料金改定などを行い，1997年には経常収支の黒字化を達成し，2009年には無収水率を5.94％にまで削減した．給水時間は1993年当時の1日10時間から24時間となり，水圧は大幅に改善され，水質もWHO飲料水質ガイドラインを満たすようになった（鈴木，桑島，2015，p.19，21）．

2005年度以降に開始され2015年度までに終了した，無収水対策を目的あるいは成果の1つとする技術協力プロジェクト13件のうち，2019年1月までにJICAが事後評価報告書を公表している案件は6件である[2)]．このうち4件については「評価結果は高い」とされており，技術協力の成果が持続的に活用されていることが報告されている．残る2件はヨルダン水道庁を対象に実施された2フェーズにわたる協力であり，プロジェクト実施中に創設された給水装置設置工事に関する民間工事業者の認定制度が持続しているなどの画期的な成果が認められているものの，「一部課題がある」と評価されている（国際協力機構，2014）．その主な理由は，プロジェクト実施当時に8区画を対象に実施され，平均49％であった無収水率を22％まで大幅に削減した無収水削減のパイロット活動が，組織再編の影響などによりヨルダン水道庁のコミットメントが低下した結果，継続・普及しておらず，結果として無収水率の削減が目標どおりには達成できなかったことである．JICAが「プロジェクト研究無収水対策プロジェクトの案件発掘・形成／実施監理上の留意事項の整理」の一環として2018年にインドで行った現地調査においても，無収水対策を目的とする技術協力を実施したゴア，ジャイプールの2都市において，予算不足などにより一部の活動が持続していないことが判明している．

このように，無収水対策のプロジェクトは，実施期間中に日本側からの集中的な投入や働きかけが行われ，パイロット区画などにおいて顕著な無収水削減の成果を上げることが可能であるが，プロジェクト終了後は成果が持続しているプロジェクトと課題を抱えているプロジェクトが混在しており，自立発展性を高めて無収水の削減による経営の改善というアウトカムレベルの効果の発現にまでつなげていくことが課題となっている．無収水対策の持続性を阻害する要因としては，以下の点が挙げられる．

(1) 無収水対策には費用がかかるが，無収水削減の効果が発現すると初期投資を上回る料金収入増の効果が期待できる（松本，2017, p.153）．しかし，途上国の水道事業体では，初期投資を賄うことが難しく，予算不足により対策を継続できない．

(2) 無収水量や無収水率が計測できておらず，効果を定量的に把握することができない，補助金が投入されており赤字経営を改善するインセンティブや強制力がない，漏水探知作業は騒音や水利用が少ない夜間に行われるため，作業員が忌避する，などの理由により無収水対策を継続するモティベーションが低下する．

11.4　水道事業体の経営改善に向けた包括的アプローチの提案

途上国にとって重要なことは，SDGsの達成に向けた水道普及率やサービス水準の向上を進めるために，水道事業体の経営を改善し，資金調達が可能な財務状況を実現することであり，無収水対策はそのための1つの手段に過ぎない．無収水対策のみで経営改善を実現することは難しいと思われ，プノンペンの事例に見られるように，より包括的な水道事業体の経営改善に向けた取り組みが必要であると考えられる．民間企業によるコンセッションの導入など抜本的なセクター改革を行っている例も見受けられるが，このような改革は成功すれば効果が大きい一方で，多大な政策調整コストがかかり，失敗に終わるリスクもある．より漸進的で途上国の意思決定者に受け入れられやすいアプローチを検討する必要がある．

具体的には，以下の10のアプローチから成る枠組みを考え，これらの中から自国の法制度の枠組みや水道事業のあり方に対する意識を踏まえて組み合わせや順序を選択し，現地の状況に合った段階的なステップを踏んで改善を進めることを提案したい．

(1) 水道事業が目指すべきミッション(市民の公衆衛生の向上と生活環境の改善)を再確認し，組織的なコミットメントを得る．
(2) 水道事業のパフォーマンスをモニタリングできるようにし，目標値に向かっての改善のプロセスや，水道事業体間の比較が確認できるようにする（ベンチマーキング）．
(3) 計画の策定と，それに基づく計画的な事業の実施，さらには実施後の評価を踏まえた改善を行う PDCA サイクルを強化する．
(4) 顧客に対する意識を高め，サービスの向上に取り組む体制を構築する．
(5) 施設拡張による給水人口の増加，水道料金徴収率の改善，無収水対策，事業運営の効率化（コスト削減など），維持管理能力の強化などにより，収益性を高める．
(6) 上述のような自助努力と水道サービス改善の実績によって政策決定者や市民の理解を得つつ，コストリカバリーを考慮した水準の水道料金を設定する．
(7) 水道事業体が遵守すべき水準（水質基準，設計基準など）を定め，モニタリングや情報公開を行う，規制監督の枠組みを強化する．
(8) 水道事業に対する政治の介入を防ぎ，経営改善を進めるインセンティブを生み出すための独立採算化，公社化を行う．
(9) 施設の拡張や更新に必要な資金を調達するために，融資，債券発行，補助金など，水道事業体が利用可能な手段を整備する．
(10) 民間委託による事業の効率化や，民間資金による施設整備などを可能にするための民間セクターの活用に向けた体制を整備する．

これらのアプローチは，どれか1つを選択するというものではなく，複数のアプローチを組み合わせ，対象となる水道事業体の変化や政策環境の変化に合わせた対応を取る必要がある．

11.5　日本の水道分野の国際協力の強みと課題

上述の10のアプローチに対して日本が協力する際には，今後以下の点を強化する必要があると考えられる．

(1) 日本の協力は計画策定，維持管理能力の強化，無収水対策など，比較的テクニカルな内容を得意としてきた．近年では，カンボジア，ラオス，ミャンマーなどを中心に，規制監督体制の強化，公社化，資金調達などのアプローチにも取り組む協力が増えてきており，今後も強化していく必要があると考えられる．

⑵ SDGsの達成に向けては，水道事業のサービス水準の向上だけでなく，貧困層を中心とする水道サービスにアクセスできない人々へのアウトリーチを重視する必要がある．経営改善や資金調達への取り組みの成果が，SDGsゴール1のターゲット1.4に謳われている「貧困層及び脆弱層をはじめ，全ての人々の基礎的サービスへのアクセス」の実現につながるように，支援を行っていくことが必要である．

一方，以下のような点では，蓄積や優位性があると考えられる．

⑴ 日本の水道分野の国際協力では，国内の水道事業を担っている地方自治体や，自治体の出資で設立された第3セクターが，民間の開発コンサルタントと並んで重要な役割を果たしている．自治体の参画は，水道事業のミッションの再確認，顧客意識の強化，維持管理能力の強化，水道料金の設定など，自治体が自らの業務として行っていることについて，途上国の人々と議論しながら改善につなげていく際に特に有効であると考えられる．

⑵ JICAの協力は，資金協力と技術協力を一体的に実施しており，資本集約型である水道事業においては，資金協力による給水人口の増加や施設の更新と，技術協力による能力強化の双方に取り組むことが重要であることを考えると，大きな優位性を持っている．

⑶ 2015年に閣議決定された開発協力大綱の基本方針には，「相手国の自主性，意思及び固有性を尊重しつつ，現場主義にのっとり，対話と協働により相手国に合ったものを共に創り上げていく精神（中略）は，開発途上国の自助努力を後押しし，将来における自律的発展を目指してきた日本の開発協力の良き伝統である」と書かれており，相手国のオーナーシップの尊重やキャパシティ・ディベロップメントの重視は，日本の協力の特徴となっている．経営の改善に向けた漸進的なアプローチにおいては，相手国の政策環境，政治的動向，モティベーション，組織開発のプロセスなどが複雑に関係するため，このような日本の協力の基本方針が有効である．

日本は，2007年から2017年までの11年間にわたって，水・衛生分野の援助支出額が他国を抑えて第1位という実績を誇っている（国際協力機構，2017-2：p.6およびOECD開発援助委員会（DAC）CRS統計）．上述のような包括的なアプローチによってSDGsの達成に向けて貢献し，その経験や教訓を広く世界に共有していくことが期待される．

注と参考文献

1）本章は執筆者の個人的見解を示すものであり，執筆者が所属する機関・組織などの見解を示すものではない．

2）2件はヨルダンにおける2フェーズにわたる技術協力プロジェクトであり，まとめて1件の事後評価が行われている．なお，事後評価は，原則として事業終了3年後までを対象として，終了後も効果が発現しているかなどを検証するため，有効性や持続性，インパクトなどの観点について総合的に評価するもの．

・Farley, M. and Trow, S. (2003): *Losses in Water Distribution Networks—A Practitioner's Guide to Assessment, Monitoring and Control*, IWA Publishing.

・Hutton, G. and Varughese, M. (2016): The Costs of Meeting the 2030 Sustainable Development Goal Targets on Drinking Water, Sanitation, and Hygiene. The World Bank, Water and Sanitation Program (WSP).

・Kingdom, B., Liemberger, R. and Marin, P. (2006): The Challenge of Reducing Non-Revenue Water (NRW) in Developing Countries—How the Private Sector Can Help: A Look at Performance-Based Service Contracting, The World Bank.

・OECD (2018): Financing water: Investing in sustainable growth, OECD Environment Policy Paper No.11.

・The World Bank (2017): Private Participation in Infrastructure (PPI) Annual Report.

・World Health Organization (WHO) and the United Nations Children's Fund (UNICEF) (2017): Progress on drinking water, sanitation and hygiene: 2017 update and SDG baselines.

・安藤　茂（2018-1）：日本の水道事業体の「無収水率」について—平成28年度水道統計に基づく試算結果（その1）—．水道ホットニュースNo.635，（公財）水道技術研究センター．

・安藤　茂（2018-2）：日本の水道事業体の「無収水率」について—平成28年度水道統計に基づく試算結果（その2）—．水道ホットニュースNo.636，（公財）水道技術研究センター．

・厚生労働省（2017）：平成28年度　現在給水人口と水道普及率．
https://www.mhlw.go.jp/file/06-Seisakujouhou-10900000-Kenkoukyoku/0000164508.pdf (2019年2月3日アクセス)

・国際協力機構（2014）：ヨルダン無収水対策能力向上プロジェクト（フェーズ1，2）事後評価報告書．

・国際協力機構（2017-1）：課題別指針　水資源．

・国際協力機構（2017-2）：JICAの水資源分野の協力方針～水供給・衛生・水資源管理～．

・鈴木康次郎，桑島京子（2015）：プノンペンの奇跡　世界を驚かせたカンボジアの水道改革，佐伯印刷株式会社．

・総務省自治財政局公営企業課（2013）：財政計画に係る論点（資料編）．
http://www.soumu.go.jp/main_content/000266902.pdf（2019年2月3日アクセス）

・松本重行（2017）：開発途上国における水道事業体の無収水削減手法に関する研究．東洋大学学位論文．

12. SDGsへ向けたクリーン・エネルギーのあり方

12.1 背　　景

20世紀が「地球資源の消費による発展の時代」とすれば，21世紀は，「地球環境の制約下での成長の時代」として，環境問題への人知の集約が不可避な時代だといえる．

環境の世紀を迎え，低炭素社会への転換，地球温暖化をはじめとする環境問題への対応が社会の最重要課題となっている．

一方，世界のエネルギー消費は，中国・インドをはじめとする発展途上国の人口増や経済発展による増加は不可避で，石炭を中心とする化石燃料に依存することから，今後の対応においては省エネルギー，新エネルギー，原子力発電，さらに二酸化炭素（CO_2）を分離し貯留するいわゆるCCS（Carbon Dioxide Capture and Storage: 二酸化炭素回収・貯留，以下CCSという．）技術導入などが求められつつある．

国際的にも，温室効果ガスの排出量は増加傾向を示している．とりわけ中国・インドをはじめとして発展途上国の温室効果ガス排出量の増加傾向に歯止めがかからない中，世界各国では温室効果ガス対策として，「新エネルギーの推進」などとともに，「CCSの推進」を重要な施策の一つとして位置付けている．

12.2 世界のエネルギー需給展望と地球温暖化問題

地球温暖化問題は，各国首脳マターとしていまや国際社会の中心的課題となり，毎年開催の先進国首脳会議・サミットでも主題とされている．

そもそも，CO_2に代表される温室効果ガスの排出削減を国際的に取組むべく，

1997年気候変動枠組条約第3回締約国会議（COP3）が京都で開催され，先進各国は温室効果ガスの大幅削減（1990年比2010年平均目標：日本は−6%，EUは−8%，米は−7%他）を約束した．

また本件は，いわれている将来の海面上昇のみでなく①「将来の危機ではなく現に今ある危機」として持続的開発のための基盤であり，②削減目標が定められ，各国の義務であり，さらに③各国政府・企業は「新たなグローバル・スタンダード」として戦略的に活用しようとする姿勢がうかがえることなどから，わが国として産官学の総力を結集した対応が必要である．

このための，CO_2排出削減のメニューとして，①省エネルギーはその即効性から，工業プロセスのみならず，家電，事務機器，自動車などについても現在官民あげて新たな技術へのチャレンジが行われ，②原子力も近年の地震・津波災害などによる影響が憂慮されるが，立地への着実な努力が行われている．また，③新エネルギーについては，導入促進への努力が国内外で行われている．しかしながら，今後世界のエネルギー需要について，国際エネルギー機関（IEA），BP，米国エネルギー省情報局（EIA），日本エネルギー経済研究所（IEEJ）の予測を見てみると以下のとおり（図12.1参照）．

世界の一次エネルギー消費量は，2015年から2030年にかけて年平均1.2〜1.8%で拡大する見込みで，各機関は2015年に対し2030年は約1.2〜1.3倍に拡大し，石油換算で約160〜170億トンになると予測されている．

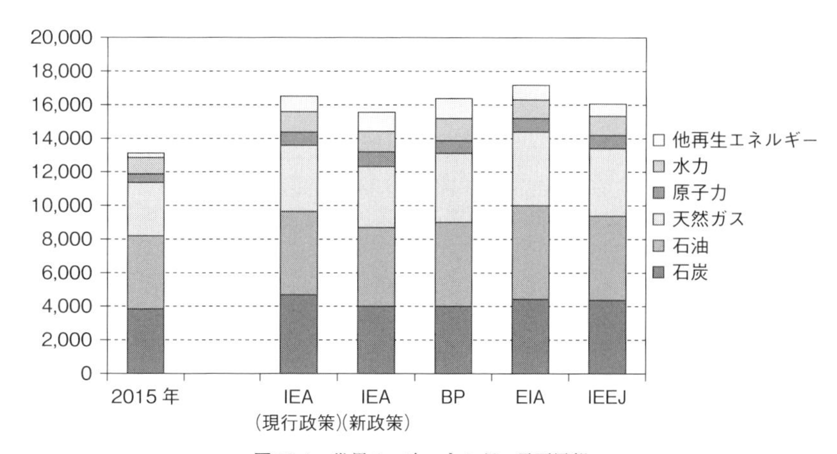

図12.1 世界の一次エネルギー需要展望
（出典:資源エネルギー庁·BP統計，IEA「World Energy Outlook 2016」などから作成）

エネルギー別で見る場合，最も増加するのは再生可能エネルギーであり，全てのエネルギー機関は風力，太陽光など新エネルギーを中心に再生可能エネルギーの消費量が大きく伸びると予測している．2015年から2030年にかけて，水力を除いた風力，太陽光，地熱などの再生可能エネルギーの発電は2.1～3.4倍に増加すると予測されている．水力を含めると，一次エネルギー消費に占める再生可能エネルギーのシェアは2015年現在の9.6%から，11～15%前後へと拡大する．

一方，石炭の増加は緩やかで，2030年には2015年より1割前後の増加に止まると多くの機関は予測している．一次エネルギー消費における石炭の割合は2015年の29%から25～27%前後に減少するが，発展途上国では引続き増大するエネルギー需要を化石燃料に依存することなどから，世界のエネルギー供給の見通し（OECD/IEA「World Energy Outlook 2017 Edition」）では，現在（2015年実績で，石炭・石油・ガスなどで約86%）および将来（2030年見通し同84%）とも大部分は化石燃料に依存すると予測されている．

こうした状況の下，環境の世紀，21世紀におけるエネルギー供給確保において，私達によって子孫に良い地球環境を残すために何をなすべきか，また単なる夢の技術でなく産業技術としていかに取組むべきであるかが最大の課題であり，新エネルギーの推進とともにCCSの導入などその早急な対応が問われている．

また，地球温暖化対応国際対応・行動として，上記COP3京都会合以降2009

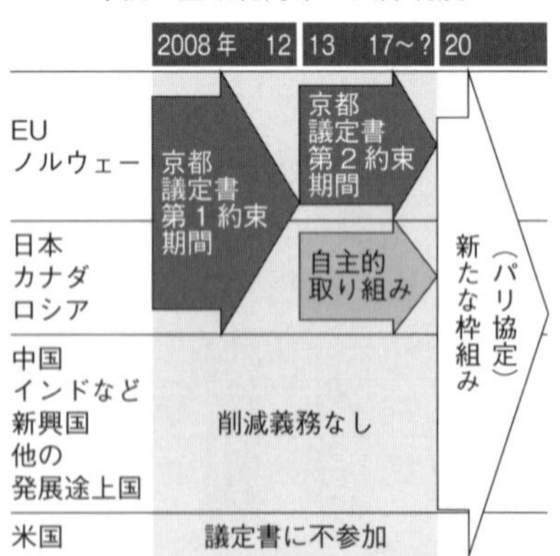

図12.2　パリ協定への道程・概念
（出典：毎日新聞2011年12月12日記事から作成）

年コペンハーゲンで開催のCOP15にて，産業革命以降の気温上昇が2℃以内に抑えるべく採択されたコペンハーゲン合意は，世界全体の長期目標として産業化以前からの気温上昇を2℃以内に抑えることなどを定めた.

そして気候変動枠組条約第21回締約国会議（COP21）は，2015年フランス・パリで開催，以下のような合意がなされ大きな成果をあげた.

それは,全ての温暖化ガス主要排出国に削減義務を課す新たな枠組みとして「パリ協定」を制定，この全ての主要排出国を対象とした意義は大きく，京都議定書と異なり先進国のみならず中国・インド・メキシコ・ブラジルなど多くの経済大国も自主的な削減義務を負う．また主要排出国にも，発展途上国の対策を支援する資金援助を任意に行うことなどに合意した．これらは，2020年からを目途にさらなる削減努力につき，5年毎の政策評価が義務付けされた.

さらに,2018年12月ポーランド･カトヴィツェで開催のCOP24にて,上記「パリ協定」に基づき，各国の削減に向けた詳細運用ルール策定を目指し各国間の交渉が進められ，そのルールブック原案が採択された．このことにより，2020年からのパリ協定のスタートに向けて準備が整ったといえる.

一方,途上国にとってエネルギー貧困の克服はSDGsを達成するための基盤(同目標7で，エネルギーをみんなにと明示）であり，未だに約13億人が電力アクセスできず（資源エネルギー庁HPによる，世界人口は国連統計2015年で73億人）この課題の克服は焦眉の急でもある.

とりわけ，南部アフリカ・アジア内陸では，各々約6億人の人々が電気の無い暮しをし，それは図12.3：夜の地球を見れば印象的でもある.

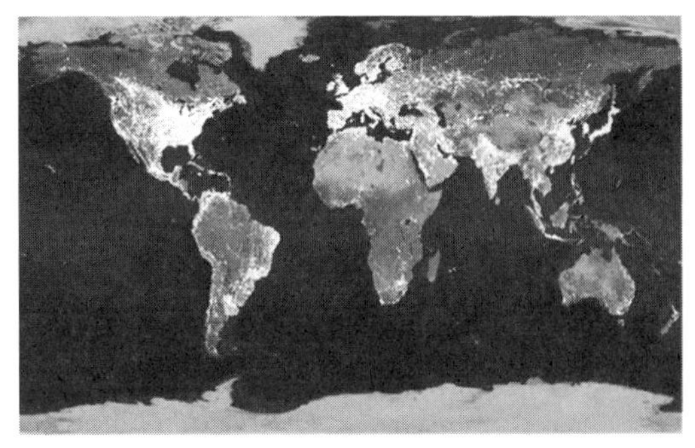

図12.3　衛星による夜の地球・合成写真
（出典：米・NASA航空宇宙局HP）

12.3　新エネルギーへの期待と課題

エネルギー安全保障や，低炭素社会への推進方策に加え，新しいエネルギー関連の産業創出・雇用拡大の観点そして地域活性化に寄与することも期待されること，さらには上記無電化地域での分散型電力供給システムとして有効であり，太陽光，風力，バイオマスなどの新エネルギー（既存の水力なども含めたものが再生可能エネルギー）の導入拡大は，各国政府ともその普及を推進してきた．

新エネルギーは，住宅用太陽光発電に代表されるように，産業のみならず個人がエネルギー供給に参加するものであり，地域独自の創意工夫を活かすことができる利点もある．他方，現時点では，天候により出力が乱高下するなど供給の不安定性やコストが高いなどの課題を抱えており，これらの課題の克服には，蓄電池の開発・導入，スマート・グリッドと呼ぶ各電源のネットワーク化・これらのIT制御など，さらなる技術開発の進展などが必要である．例えば，筆者も参加の2008年アラブ首長国連邦のアブダビでの「World Future Energy Summit」にて発表の二酸化炭素（CO_2）排出量ゼロ都市「マスダール・シティー」も新エネルギー供給のみにては断念，外部の天然ガス火力に一部依存へ転換，その概念を図12.4に示す．

このため，コスト低減や系統安定化，性能向上などのためのこれら技術開発などについて，地域の特質や社会的課題にも留意しつつ，産学官など関係者が協力して戦略的に取組むことにより，長期的にエネルギー源の一翼を担うことを目指し，施策の推進がなされてきた．

また，アジア各国においても，例えば筆者がNEDOにおいてカンボジアで取組んだ事業は，それら課題を克服する試みであり，以下にその概念を述べる．

図12.5に示すように，新設する配電線に太陽光発電67.5 kW（集中配置：30 kW×1個所，分散配置：7.5 kW×5個所）および小水力発電40 kWを分散して系統連系して，電力負荷の変動に対応させ，加えて蓄電池にて安定化を図る．

さらに，太陽光発電とメタン発酵によるバイオガス発電システムの組合せも試みている．しかしながら，その効果は地域に限定され，電力系統の安定化までは及ばない．

図 12.4　マスダール・シティーの完成概念図（出典：マスダール HP）
注：マスダール研究所を中心とした 2015 年までの成果
居住ユニット：UAE 平均と比べ使用水量 54％少，電力量 51％少，電力需要の
30％が屋上の太陽光発電パネル，温水の 75％が太陽熱利用装置．

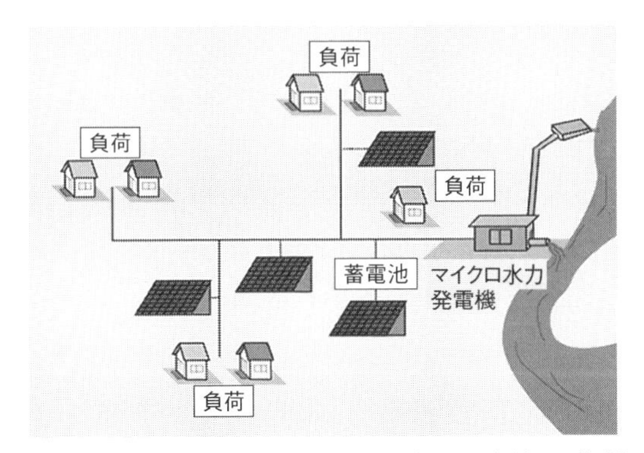

図 12.5　太陽光発電と小水力の組合せ（NEDO 資料から作成）

12.4　CCSU（CO_2 回収・貯留・利用）へ

前述のように，SDGs 目標 7 に示すクリーンなエネルギーをみんなに，および同 13 地球温暖化への対応をなすためには，従来の省エネルギー，新エネルギーおよび原子力の推進のみならず，化石燃料の有効・クリーン利用を図るべく，CCSU（CO_2 回収・貯留・利用）の活用が不可避となりつつある．

その国内外での取組みを，以下に述べる．

CCS技術による世界の二酸化炭素貯留ポテンシャルは，地中貯留で1,745 Gt以上が見込まれ，大規模排出源に対応した適切な海域や地層の存在もあり，経済的に成立するかどうかを考慮する必要があるものの，大量の削減ポテンシャルが期待できる．

わが国では，CCS技術は，総合科学技術会議における重点分野である環境分野に位置付けられており，さらに経済産業省のエネルギー環境二酸化炭素固定化有効利用プログラムの中の研究開発プロジェクトとして推進され，苫小牧にて実証試験が進められている．

一方海外でも，多数の国および機関などが，隔離技術に対する研究開発を熱心に進めている．特に，石油増進回収法（EOR: Enhanced Oil Recovery）の一手段としてCO_2を油田に注入することが行われており，商用化している事例も多数ある．

米国は1970年代より，上記EORを商業的に実現しており，帯水層貯留，炭層メタン増進回収（ECBM: Enhanced Coal Bed Methane），さらにフューチャジェンと呼ぶ発電技術も含めたCCSに関連する多様な研究開発を進めるなど戦略的な展開を図っている．

カナダでは，アルバータやサスカチュワンの両州を中心に油田増産EOR，石炭メタン回収ECBMなどの研究開発が実施されており，2000年からは，カナダのワイバーン油田において圧入を実施している．CO_2を用いた石油増進回収EORを目的としたもので，325 km離れた米国の石炭ガス化工場で発生したCO_2をパイプラインで輸送し，年間100万トン規模で20年間，総量2,000万トンの圧入を計画している（図12.6参照）．この結果，ワイバーン油田において約50%の石油増産を達成している．ただし，事業化において各国関係機関も参加して，注入したCO_2漏洩のモニタリングを実施しており，同CO_2の約半分の量は再度空気中に排出されるとのこと．一方，同量は地下に留まり，貯留される．

ノルウェーではStatoil社が，1996年より，劣性天然ガスから分離回収したCO_2を北海ノルウェー沖約240 kmの海底帯水層に年間約100万トン規模（ノルウェーの二酸化炭素排出量の約3%）で隔離をしている（図12.7参照）．同国では，導入時約38ドル/トンCO_2の炭素税が課税されるため，炭素税を回避するための手段としても検討されたとのことである．

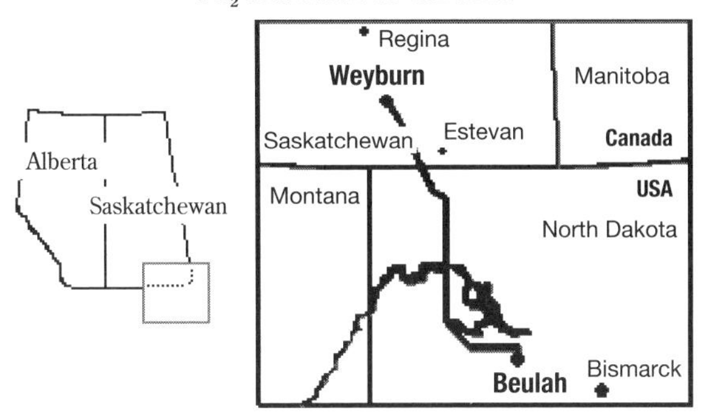

図 12.6 石炭ガス化プラントから油田までの CO_2 パイプライン（カナダ）
（出典：サスカチュワン州エネルギー資源省資料）

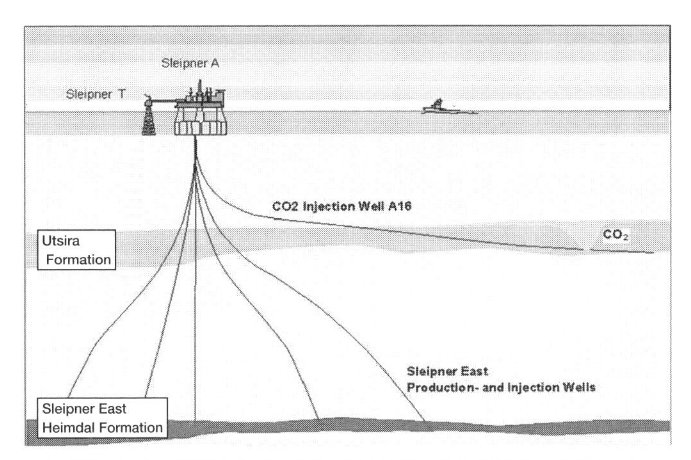

図 12.7 天然ガス採掘設備から CO_2 分離・帯水層に年間約100万トン注入（ノルウェー）
（Statoil 社資料から作成）

アルジェリアでは，2004 年からのインサラー・ガス田において，産出ガスから分離した CO_2（ガス全体の 5～10%）を，大気放散せずに地下のガス貯留層（石炭紀帯水層）に圧入・貯蔵を行っていた．

オランダでは，工業プロセスから分離した CO_2 をパイプラインで輸送し，天然ガス採掘跡に隔離し，夏季に取り出して園芸施設で活用する「CO_2 Buffer Project」を実施しており CO_2 の農業利用としても着目される．

また，IEA（国際エネルギー機関）では化石燃料部会の下に Greenhouse Gas R&D Program（IEA/GHG プログラム）の実施協定を設置し，海洋および地中隔離技術をはじめとする各種温暖化対策技術の調査研究と活動成果の普及に努めている．IEA/GHGプログラムには，欧米先進国を中心とした17ヵ国の政府関係機関，欧州委員会（EC）およびBP，Chevron-Texaco，Exxon-Mobil，Total-Elfなどオイルメジャーを中心とした7企業が参加．日本からも産業技術総合研究所・NEDOが参加し，筆者も委員を務めた．

CO_2貯留の対象フィールドは，大きく3つに分類される．まず①廃油田・ガス田に貯留する方法．次に，②CO_2を油田に注入して石油回収量を増加させる原油増進回収法（EOR）．そして前述の図12.7に示すような③帯水層に貯留する方法である．

国内においては，これまでの調査結果から，貯留能力の高い帯水層が日本海側に存在することが確認されており上記③が有望と思われる．また，アジア諸国をはじめ沿海には同様な地層群が卓越した地域が多く，高い貯留能力を有するフィールド（地層）である構造性帯水層として期待される．

CCS技術についての課題は，コストであり試算は国内外で実施されているが，分離・回収から貯留に至るまでのトータルコストは，地中貯留（LNG複合発電から化学吸収法により二酸化炭素を分離回収した後，パイプラインで100 km輸送後，帯水層に貯留した場合）では，約6,800円/トンCO_2とNEDOにおいて筆者を中心に試算を行った．特に，トータルコストのうち約60～70％程度を占めるのが分離回収に係るコストであり，この分離回収のための設備コスト，処理コストを低減することが重要である．米国DOEは，2015年頃に，二酸化炭素分離回収，隔離を含む処理コストを約10ドル/トンC（トンCO_2あたり327円程度）にする目標を置いており，EOR（原油強制回収）などによるメリットを考慮した上で設定されたものと考えられる．

また，EUが2007年発表の「世界エネルギー技術の展望報告書（WETO-H2)」では，上記処理コストが25ユーロ/トンCO_2に達したならば，火力発電におけるCCS発電所シェアは2050年には62%に達すると予測されており，二酸化炭素の年間貯留量は，6.5 Gt/年あるいは総排出の20%であり，25ユーロ/トンCO_2のコスト削減が達成されれば，CCSの展開にとり起爆剤となることが期待されるとのこと．

分離回収技術については，日本においても，化学吸収法や膜分離などで優れた技術がある．海外では，EORなどですでに商業的に地中隔離が実施されている事例もあることから，当面はわが国の優れた分離技術をさらに磨きをかけた上で海外の隔離サイトに適用し，経済的な可能性を追求することが，わが国での将来において事業化・実施を行う上の大きな力となる．

12.5　新たな展開とグローバルな連携へ向けて

エネルギー施設など展開においての通例でもあるが，地域住民を含めた国民の合意形成がカギとなる．つまり，各主体にとりウインウインの関係が構築できることが肝要である．例えば，そのためにエネルギー施設の排熱・排出される CO_2 を太陽光とともに活用する植物工場（CO_2 は植物にとり肥料）の併設と CO_2 のネットワーク化が有益で，このプロジェクト化の概念を図 12.8 に示す．

このように，CCS 技術と大規模海洋バイオマス利用（植物工場）他を組み合わせることにより，環境調和型資源としての石炭の活用がより期待できる．今後は，わが国はもとより発展途上国においても，CO_2 分離回収型石炭火力と CO_2 分離地中貯留および有効利用 CCSU を活用したエネルギー・システムを志向することが大きなカギとなる．さらにグローバル展開として，経済産業省・環境省他が推進の，これら途上国の状況に柔軟かつ迅速に対応した技術移転を促進し，

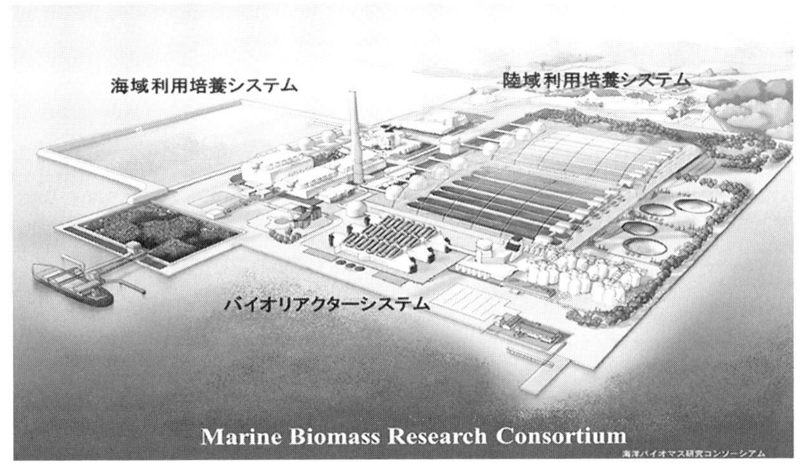

図 12.8　CCS 技術と大規模海洋バイオマス利用の植物工場概念図
（出典：海洋バイオマス・コンソーシャム，竹中工務店他）

わが国に排出枠をもたらす二国間クレジット制度（JCM）への適応も有望となりうる．

同制度とは，途上国への温室効果ガス削減技術，製品，システム，インフラなどの普及や対策実施を通じ，実現した温室効果ガス排出削減・吸収への日本国の貢献を定量的に評価するとともに，日本国の削減目標の達成に活用するもの．これは前述の気候変動枠組条約第21回締約国会議（COP21）においてわが国が提案し，上記・両省他が推進している．2018年1月時点で，日本は17ヵ国（モンゴル，バングラデシュ，エチオピア，ケニア，モルディブ，ベトナム，ラオス，インドネシア，コスタリカ，パラオ，カンボジア，メキシコ，サウジアラビア，チリ，ミャンマー，タイ，フィリピン）とJCMを構築しており，アジア・アフリカ各国へのさらなる展開が期待される．

これらの取組みにより，SDGsを達成するべく，目標7:エネルギーをみんなに・クリーンにとで，エネルギー貧困の克服と低炭素化を進め，目標13：気候変動へ具体的対策をなさしめるべく，産官学の連携の下での活動・展開に努めてまいりたい．

参 考 文 献

1) 久留島守広（2005）：地球エコシステムとしての地中隔離．環日本海研究，**11**，p.123.

2) 久留島守広（2004）：地球ビジネスとしての地中隔離に向けての基礎的研究—CO_2分離・地中隔離・エココンビナートの導入—．資源と素材，**120**，pp.677-680.

3) 久留島守広（2001）：地中隔離技術，21世紀地球環境技術戦略の要．*Engineering*，**93**，pp.14-17.

4) 久留島守広（2004）：連載解説，地球ビジネス時代の化学工学（第1回）地球環境問題とビジネスチャンス．化学工学，**68**（4）.

5) 久留島守広（2001）：環境分野における大学発の新産業創出は可能か．環境会議.

6) 桑木賢也，堀尾正靱，久留島守広，中川和明，村田圭治（2000）：CO_2吸収セラミックスを用いた炭酸ガス高効率回収システムの概念設計，化学工学会第33回秋季大会.

7) 株式会社日建設計（2003）：平成15年度NEDO委託調査報告書「植物工場等二酸化炭素隔離技術の経済性等調査」.

8) 資源エネルギー庁編（2003）：考えよう，日本のエネルギー．（財）社会経済生産性本部エネルギー・コミュニケーションセンタ.

9) 久留島守広（2007）：アジアへの環境技術移転とバイオマス．NEDO海外レポート，**1008**，pp.1-7.

10) 謝　敏宇（2014）：中国福建省福州市における太陽光発電の普及と課題．東洋大学大学院国際地域学専攻修士論文.

11) 太陽光発電協会 HP（2013/10/29）
http://www.jpea.gr.jp/knowledge/mechanism/index.html
12) 資源エネルギー庁（2013/10/03）
http://www.enecho.meti.go.jp/topics/hakusho/2009kaisetu/wakarukaisetu/04.htm
13) EE Times Japan　ビジネスニュース　オピニオン（2013/10/09）
http://eetimes.jp/ee/articles/1206/04/news092.html
14) ドイツの事例をもとに考える日本の太陽光発電（2013/10/09）
http://members3.jcom.home.ne.jp/tanakayuzo/japan-solar/newpage19.html
15) 諸外国の再生可能エネルギー固定価格買い取り制度の調査結果（2013/10/16）
https://www.env.go.jp/earth/report/h24-08/ref02.pdf
16) 電気事業連合会 HP（2013/11/07）
http://www.fepc.or.jp/library/kaigai/kaigai_topics/1232367_4115.html

13. SDGsの達成を見据えた都市化のあり方

13.1　持続可能な途上国の発展を目指した先進国の経験の活用

13.1.1　SDG11と都市化の傾向

持続可能な開発目標（SDGs）の11番目の目標（SDG11）は，「包摂的で安全かつ強靱（レジリエント）で持続可能な都市および人間居住を実現する」（外務省，2015）ことであり，「持続可能な都市」，「住み続けられるまちづくり」を目指す．具体的なターゲットとしては，安全で安価な住宅の提供や基本的サービスの確保によるスラムの改善や，脆弱な立場にある人々に配慮した輸送システムの整備，包摂的で持続可能な都市化の促進，自然災害に対して強靱で環境への負荷の小さい都市などが示されている．

この目標は，人類史上最も著しく都市化の進む時代に取り組まなくてはならない．世界の人口は，2050年には約98億人にまで増加し，2018年時点で約55％である都市人口は2050年には約68％に達し，現在より約25億人増えると予測されている（UN.DESA, 2018）．

都市人口が増えるということは，全世界で資源消費型のライフスタイルへの転換が進む可能性が高いことを意味する．無秩序で無計画に進む都市化は，環境的，社会的，経済的に適切な発展を妨げる恐れがある．しかし，都市化そのものは，都市部への人口集中による公共サービスなどの集中投資や，スケールによる効率的な投資効果がもたらされると言った生産的な経済発展の機会ともとらえられる（村上，2017）．解決すべき課題を明確にして十分に計画・管理されて都市化を進めることは，途上国，先進国の双方にとって，持続的な発展の強力な手段となりうる可能性を秘めている．

13.1.2　SDG11 と他の目標との関連

SDGs の 17 の目標はそれぞれ相互に密接に関連するものである．人々の生活や経済など，様々な活動の拠点となる都市の持続可能性を目指す SDG11 は，他の 16 の目標と連携しあって達成を目指すものであるが，以下に各目標達成へ貢献しうる SDG11 の取組の例をあげる．

あらゆる場所のあらゆる形態の貧困を終わらせる（SDG1）ためには，都市づくりにおけるスラム対策との連携が不可欠である．飢餓を終わらせ，食料安全保障及び栄養改善を実現し，持続可能な農業を促進する（SDG2）にあたっては，都市化の過程において農業環境を確保するなど計画的な開発が求められる．あらゆる年齢のすべての人々の健康的な生活を確保し，福祉を促進する（SDG3）ためには，後述のヘルシー・シティなどの取組の成果の活用などが期待される．

すべての人に包摂的かつ公正な質の高い教育を確保し，生涯学習の機会を促進する（SDG4）や，ジェンダー平等を達成し，すべての女性及び女児の能力強化を行う（SDG5），すべての人々の水と衛生の利用可能性と持続可能な管理を確保する（SDG6）などの目標においては，教育施設へのアクセスの確保や上下水道の整備による衛生面のみならず女性および女児の水汲みなどの負担の軽減効果のある効率的なインフラ整備が不可欠である．

すべての人々の，安価かつ信頼できる持続可能な近代的エネルギーへのアクセスを確保する（SDG7），包括的かつ持続可能な経済成長及びすべての人々の完全かつ生産的な雇用と働き甲斐のある人間らしい雇用を促進する（SDG8），レジリエントなインフラ構築，包摂的かつ持続可能な産業化の促進及びイノベーションの推進（SDG9）においては，後述のスマートシティやコンパクトシティ，地域の長所を生かしたまちづくりといった先進国での取組が参考となる．

持続可能な生産消費形態を確保する（SDG12），気候変動及びその影響を軽減するための緊急対策を講じる（SDG13），持続可能な開発のために海洋・海洋資源を保全し，持続可能な形で利用する（SDG14）ためには，3R の仕組みを充実させて適切な廃棄物処理のシステムを構築することや，後述のグリーンビルディングの促進による省エネ・省資源社会の実現などとの協同が有効である．

さらに，陸域生態系の保護，回復，持続可能な利用の推進，持続可能な森林の経営，砂漠化への対処ならびに土地の劣化の阻止・回復及び生物多様性の損失を阻止する（SDG15）ためには，オリジナルの土地利用に配慮した開発の推進と生態系を保全しながらのまちづくりが不可欠である．

また，各国内及び各国間の不平等を是正する（SDG10），持続可能な開発のための平和で包摂的な社会を促進し，すべての人々に司法へのアクセスを提供し，あらゆるレベルにおいて効果的で説明責任のある包摂的な制度を構築する（SDG16）ためには，スマートシティのようなICTを活用し，革新的な仕組みを取り入れたまちづくりとともに目標達成のために取り組むことが必要である．

最後に，持続可能な開発のための実施手段を強化し，グローバル・パートナーシップを活性化する（SDG17）ためには，持続可能なまちづくりによって向上した都市の魅力によって，世界の都市との都市外交が活発になる可能性が期待できる．

13.1.3　先進国の経験の活用によりもたらされる利益

今後都市化の大半が進む途上国においては，インフラ整備のために多額の予算が支出される．見積もり（GI Hub, 2017）によると，2016年から2040年の25年間に，全世界でインフラの整備に必要な予算は94兆米ドルにも上る．これは，日本の国家予算の約102年分に相当する（2019年度一般会計予算（財務省，2018），1米ドル＝108.1円で計算）．

これらの大量のインフラ整備の過程において，先進国が長い時間をかけて解決してきた技術面，管理面，規制面などに関する経験や現在進められている取組を適宜移転することができれば，途上国は先進国が乗り越えてきた数々の問題に煩わされることがほぼない，いわゆる後発の利益の恩恵に浴することが期待できる．

既に顕在化しているもの，新たに認識されるものいずれにしても都市における社会的，環境的，経済的課題を解決し，持続可能な発展を進めるにあたって，都市化の過程で行われるインフラ整備などの多くのプロジェクトが大きなチャンスとなりうる．都市の抱える課題は，法規制，インフラ整備など多種多様であるが，本章では日本をはじめとする先進国の取組の世界への拡大の可能性といった視点から議論する．

13.2　SDGs 達成における都市の位置づけ

13.2.1　先進国で進む SDGs と関連した都市の発展

地球上の誰一人取り残さないことを誓った SDGs は，途上国と先進国双方が取り組むべき普遍的な目標である．各国で SDGs を施策などに取り入れる際には，その国の経済・社会状況，政策の優先度など各国の状況を考慮し，世界レベルの目標を国家レベル，さらには地域レベルの取組にブレークダウンする必要がある．貧困，気候変動，平等，経済発展や生態系の保存といった世界が持続的に発展し続けるために避けられない課題は，地域レベルにおける対応が不可欠だからである．地域にとっても，世界中で共通目標として SDGs 達成に向けて様々な課題に取り組む中で開発および都市化が進むことは，各地域が持続可能な発展を遂げるためのチャンスととらえることができる．

地域レベルにおいて SDG11 に取り組むことは，持続可能な発展において都市化が中心的な役割を果たすことを認識することによって，地域の強みや課題を明確にし，今後の予算や資金の確保や，ステークホルダーとの連携強化を効率的に行うきっかけとなる．

既に様々な課題に取り組み，地域の発展を目指す地方自治体にとって，SDGs はよりバランスがとれた公平な発展のためのロードマップとなりうる．地方自治体は，常に都市の繁栄，社会的包摂性の推進，強靱性と環境面の持続可能性の強化を目指している．SDGs は既存の施策の大半に関連するものであり，既存の施策と都市化の発展方針とを連携させることで，発展の成果が確実になり，地方自治体の新たな魅力が生み出されると考えられる．

以上のようなことから，SDGs を地域の施策に取り入れるいわゆるローカライゼーションの動きが先進国で広がっている．地域レベルで SDGs を認識し目標達成に向けて取り組む過程において，既存の開発路線からより包摂的で環境的に持続可能で，経済的成功の実現を目指す開発路線への転換が期待される．先を見据えた地方自治体にとって，SDGs は住民の生活の質を向上させるだけでなく，都市を魅力的な投資拠点とするための強力なツールとなりうる．

13.2.2　日本におけるSDGs推進の方向性

日本は，2015年9月の国連サミットにおけるSDGs採択後の2016年5月，内閣総理大臣を本部長とするSDGs推進本部を設置した．同年12月に日本政府は，SDGs実施指針を策定し日本の方向性として，

① SDGsと連動する「Society5.0」の推進，

② SDGsを原動力とした地方創生，強靭かつ環境にやさしい魅力的なまちづくり，

③ SDGsの担い手とした次世代・女性のエンパワーメント

を示し，SDGs達成と日本経済の持続的な成長につなげることを目指している．SDGsを国の施策に取り入れる際には，各国の経済・社会状況や政策の優先度などを考慮することから，日本の政策の現在の優先度はこの3つの方向性に集約されているとも言える．

1番目の方向性にあるSociety5.0とは，第5期科学技術基本計画に掲げられた，ネットワーク化やサイバー空間の飛躍的発展といった潮流を踏まえ，サイバー空間の積極的な利活用を中心とした取組を通じて，新しい価値やサービスが次々と創出され，社会の主体たる人々に豊かさをもたらす「超スマート社会」を世界に先駆けて実現するための取組を意味する（内閣府，2016）．SDGs実施に向けては，人，技術，機械など様々なものが組織や国を超えてデータを介してつながり，新たな付加価値の創出と課題の解決を目指すために，自動走行・モビリティサービスや，ものづくり・ロボティクス，バイオ・素材，プラント・インフラ保安，スマートライフの5分野と重点的に取り組むこととしている．後述のスマートシティの推進に欠かせない要素の開発を進める政策の一つとも言える．

2番目の方向性は，各地方のニーズや強みを活かしながらSDGsを推進し，地方創生や，強靭で環境にやさしい魅力的なまちづくりの実現を推進することを目的とし，「自治体SDGsモデル事業」の新規創設により政府一体となった支援体制の構築を目指すものである．この事業は，SDGsの各目標の達成のために各地方で行われる取組こそ，地方の持続可能な発展および地方創生の実現に資するものであり，その取組を推進することこそが重要であるとの認識から，地方公共団体における事業を推進するために設けられた．この目的にかなう地方公共団体の取組を公募し，特に先導的な取組をモデル事業として選定し，資金的に支援する．

人口減少社会を迎えた日本においては，地方自治体におけるSDGs推進は，人口減少と地域経済縮小の克服と，まち・ひと・しごとの創生と好循環の確立を目

標とする．人々が安心して暮らせるような，持続可能なまちづくりと地域の活性化の実現を各地域が目指す中，SDGs が地方の取組に組み込まれることによる地方創生効果が期待される．

3 番目の方向性である次世代・女性のエンパワーメントとは，SDGs を主導する次世代の育成強化と，働き方改革，女性の活躍推進といった既存の国内の施策と連携してのジェンダー平等の実現を政府としても後押しするものである．

日本政府は，これらを 3 本柱としてさらに 8 つの優先分野を設定し，140 の国内および国外の具体的な施策を指標として掲げ，SDGs の取組を国家戦略として位置付けている．

13.3　2030 年へ向けた都市発展の方向性

13.3.1　都市と先端技術

IoT（Internet of Things），ロボット，人工知能（AI），ビッグデータといった先端技術は，まちづくりの分野にも大きな影響を与え，不可欠な存在になっている．先端技術を活用し，革新的なシステムや仕組みによってより住みよい，持続可能な都市を目指すいわゆる「スマートシティ」が先進国を中心に各国で推進されている．

スマートシティという言葉が最初に使われたのは，1990 年代後半である（Anthopoulos, 2017）．スマートシティについて世界共通の定義はないが，国際電気通信連合（ITU）は，「スマートシティとは，経済・社会・環境面における現在および将来の世代の必要を満たしつつ，生活の質，都市運営の効率性，都市の競争力を高めるために，情報通信技術（ICTs）とその他の手段を活用する革新的な都市（ITU, 2014）」と定義している．スマートシティとは，公共サービスの利便性強化，都市運営の効率化，生活環境の賑わい創造，インフラの充実，ネットワークセキュリティの長期的な効果などを追及することを目的とする都市と言える．

日本では国土交通省が，「都市の抱える諸課題に対して，ICT 等の新技術を活用しつつ，マネジメント（計画，整備，管理・運営等）が行われ，全体最適化が図られる持続可能な都市または地区」と定義する（国土交通省，2018）．

安全で快適な都市に不可欠な都市インフラ（上下水道，廃棄物処理，交通，エネルギー，情報通信など）は，スマートシティを支える．このスマートな都市インフラに関する国際規格であるISO37153「都市インフラの成熟度モデル」が2017年12月に発行された．この国際規格の整備は，都市インフラの技術面，環境面において優れている日本を議長国として進められた．

ISO37153は，都市インフラの成熟度を評価するモデルで，技術的性能，運用管理過程，連携性を評価指標とする．都市インフラの貢献度，将来の改善点も評価する（ISO，2017）．この規格により，都市の成熟度を客観的で一貫性のある指標で表現することにより，地方自治体の目指す都市インフラと実態との乖離を把握し，改善点を見出すことが期待される．都市インフラ整備の技術などの性能が客観的に評価されるようになり，世界の都市における日本の技術貢献が増すきっかけとなりうる．

13.3.2　都市と健康

人間の寿命は，どの国のどの都市に生まれるかにも左右される．世界に顕在する健康面での不平等の原因は多岐にわたるが，その一つは都市にあると言える．人々が暮らす場所は，健康に影響し，豊かな生活へとつながる機会を与えうる．生活必需品が手に入り，社会的つながりがあり，肉体的・精神的健康を促進し，自然環境が保たれているコミュニティは，健康面における平等の基本である（WHO，2008）．

実際，都市は不健康な要素にあふれていると思われがちである．交通渋滞，汚染，騒音，暴力，社会的孤立などが，「都市」，「都会」に対する一般的なイメージである．世界保健機関（WHO）は，地方自治体の社会的・経済的・政治的に取り組むべき課題において健康を重要な要素として設定する「ヘルシー・シティ（healthy city）」の動きを世界的に進めている．ヨーロッパではヘルシー・シティ・ネットワークが1988年に形成され，メンバーは30か国以上に上り，1,400以上の地方自治体を網羅している（WHO，2015）．

ヘルシー・シティの活動は，ほぼ5年ごとのフェーズに区分され，それぞれフェーズにおける優先順位とする取組と参加する都市が異なる．各フェーズにおいては，そのプロセスと，健康と福祉の増進に向けた実践経験からの知見が得られている．2009年から2013年の間の第5フェーズにおける取組の成果は，定量的指標に関してファクト・シートとして各都市取りまとめられている．都市の健康に関する定量的指標として下記の項目があげられている（WHO，2015）.

① 健康側面の指標：新生児死亡率（1,000 人当たり）
② 環境面の指標：大気質（オゾン（O_3）濃度（120 μg/m^3 超過日数/年），二酸化窒素濃度（200 μg/m^3 超過日数/年），PM10（50 μg/m^3 超過日数/年），PM2.5（50 μg/m^3 超過日数/年））
③ 環境面の指標：水質（下水から排除された汚染物質の割合）
④ 環境面の指標：一般廃棄物量（千トン）
⑤ 環境面の指標：緑地面積（km^2）
⑥ インフラの指標：自転車専用道の延長（km），公共交通機関の利用割合
⑦ 社会的側面：失業率

2014 年から始まったヘルシー・シティ・ネットワークの第 6 フェーズ（2014-2018）における主要な課題は，幼年期発育，高齢者と社会的弱者，身体的障がい，社会的問題である肥満，入れ墨，たばこ，アルコール，精神的不安定にまでおよび，都市に生活する人々を中心とする健康システム，強靱なコミュニティの形成を目指している.

13.3.3　日本における取組

a．大都市における取組

東京都とその周辺の地域を含む東京圏は，2030 年時点においても現在と同様に世界最大の人口を有すると目されている．先進国において建築部門は，全産業部門（エネルギー供給，運輸，工業，農業，林業，廃棄物）の中で最大のエネルギー起源温室効果ガス排出源および天然資源消費部門であり，建築部門に対する対策が最も費用対効果が高いとされている（UN，2007）．このことから，先進国においては，建築物の社会的・環境的責任を新しい課題としてとらえ，これらに対応する建築物を第三者が客観的に評価することにより，公的・私的な資金の投入，税制面での優遇が受けられ，環境に配慮した不動産，いわゆるグリーンビルディングが市場において高く評価されることを促進するための取組が進んでいる（村上，2017）.

東京都において進められている持続可能な都市を目指すグリーンビルディング推進の取組としては，新築（あるいは増築）建築物および大規模開発における，「建築物環境計画書制度」，「マンション環境性能表示」，「省エネルギー性能評価書」

がある．グリーンビルディングの導入効果が最も高い新築・増築時にオフィスビルやマンションに対して環境配慮を求めることにより，建築物部門における環境配慮の取組を推進していると言える．

b. 地方における取組

日本政府は，2017年12月に「SDGsアクションプラン2018」を策定し，「ジャパンSDGsアワード」を創設した．SDGs達成のために日本に拠点のある企業・団体（企業，NPO・NGO，地方自治体，学術機関，各種団体など）の優れた取組を表彰するもので，2017年に発表された第1回目では，北海道下川町がSDGs推進本部長（内閣総理大臣）賞を受賞した（外務省，2018）．

SDGs未来都市の前身である環境未来都市から取組を進める下川町は，経済面では森林総合産業の構築，環境面では地域エネルギー自給と低炭素化，社会面では超高齢化社会対応社会創造に取り組んだ結果，女性を始め多様な人々の移住による人口減少緩和や未利用エネルギーであった木質バイオマスエネルギーの活用による地域熱自給率向上（下川町）などが評価された．

下川町は，SDGs達成に向けた優れた取組を提案した「SDGs未来都市」29都市のうちの1都市にも2018年に選ばれた．地方公共団体の事業にSDGsが組み込まれ，推進されている好例と言える．下川町は厳密に言えば日本における「都市」の定義には当てはまらないが，世界に先んじて少子高齢化社会に突入した日本が，人口減少社会における広い意味での都市の発展のあり方，地方創生をSDGsとともに進める方向性を示した先駆的な事例ともとらえることができる．

13.4 先進国と途上国の協働の必要性

上下水道の未整備による衛生をはじめとする諸問題，開発による環境悪化，拡大する格差に伴う地域の分断，無秩序な開発による都市のスプロール化，非効率的な交通ネットワークなど，先進国において都市が発展する過程において解決されてきた課題は，今後都市化が多く進む途上国においても生じうる．各国，各地域，各都市において状況は異なるが，それぞれに得た知見や，現在さらに住みよい持続的な都市の発展を目指す先進国の実践例は豊富にある．

都市化が進む過程で，大量のインフラが整備される際に，これら先進国の経験と知識，豊富な事例を効果的に途上国に展開すること，さらにSDGsを既存の施策に盛り込んで進める新たな開発の手法やノウハウを途上国と共有することは，途上国と先進国が目指す共生社会の実現に不可欠である．

先進国が経験した都市の発展の過程における様々な問題を経ることなく，社会・経済・環境面において最適化，効率化された都市が構築されれば，有限な資源の有効利用や CO_2 排出量の削減など先進国にとってもの共通の課題が解決されることによって，その効果は先進国にも還元されると言える．また，世界で普遍的な目標であるSDGsを達成するためにローカルなレベルで取り組んだ成果が，国内外の都市に水平展開されることにより，世界的な課題が解決されその効果がさらに地域レベルに還元されるという好循環を生み出すことも期待できる．

参　考　文　献

・Anthopoulos, L.G.（2017）: *Understanding Smart Cities: A tool for Smart Government or an Industrial Trick?* , Springer.

・Global Infrastructure Hub（2017）: Global infrastructure Outlook（2019年2月10日確認）.
https://gihub-webtools.s3.amazonaws.com/umbraco/media/1529/global-infrastructure-outlook-24-july-2017.pdf

・ISO（2017）: Smart community infrastructures — Maturity model for assessment and improvement（2019年2月10日確認）.
https://www.iso.org/standard/69225.html

・ITU（2014）: Smart sustainable cities: An analysis of definitions.

・UN（2007）: Intergovernmental Panel on Climate Change: Fourth Assessment Report: Climate Change 2007（2019年2月10日確認）.
http://www.ipcc.ch/publications_and_data/publications_ipcc_fourth_assessment_report_synthesis_report.htm

・UN, Habitat（2016）: The New Urban Agenda（2019年2月10日確認）.
http://habitat3.org/the-new-urban-agenda/

・UN, DESA（2018）: World Urbanization Prospects: The 2018 Revision（2019年2月10日確認）.
https://population.un.org/wup/Download/

・WHO（2008）: Closing the gap in generation（2019年2月10日確認）.
https://www.who.int/social_determinants/final_report/csdh_finalreport_2008.pdf

・WHO（2015）: City fact sheets, WHO European Healthy City Network.

・外務省（2015）：持続可能な開発のための2030アジェンダ　2030アジェンダとは（仮訳）（2019年2月10日確認）.
http://www.mofa.go.jp/mofaj/gaiko/oda/about/doukou/page23_000779.html

・外務省（2018）：ジャパンSDGsアワード（2019年2月10日確認）.
https://www.mofa.go.jp/mofaj/gaiko/oda/sdgs/award/index.html

・国土交通省（2018）：スマートシティの実現に向けて【中間とりまとめ】.

・財務省（2018）：平成31年度予算政府案（2019年2月10日確認）.

https://www.mof.go.jp/budget/budger_workflow/budget/fy2019/seifuan31/index.html
・下川町 HP：第1回「ジャパン SDGs アワード」総理大臣賞を受賞しました！（2019年2月10日確認）.
https://www.town.shimokawa.hokkaido.jp/section/kankyoumirai/2017-1227-1804-26.html
・内閣府（2016）：第5次科学技術基本計画.
・村上淑子（2017）：都市化とSDGs―都市化の肯定的利用手段としての建築物―．持続可能な開発目標と国際貢献―フィールドから見たSDGs―，朝倉書店，pp.34-43.

14. 本書のまとめ

14.1 なぜこの書籍をつくったか

この書籍は東洋大学国際共生社会研究センター（以下センター）が監修をしている．当センターは2001年度に文部科学省の私立大学学術研究高度化推進事業であるオープン・リサーチ・センターとして，東洋大学大学院国際地域学研究科（現：国際学研究科）に設置され，それ以来スキームをかえつつその活動を続けてきた．2019年現在，2015年度から「アジア・アフリカにおける地域に根ざしたグローバル化時代の国際貢献手法の開発」をテーマとして持続可能な開発目標（SDGs）の実現に向けた主として現地に根ざした研究を行っている．

研究の成果は，国際貢献のための学問成果として活用されるのみならず様々な形で実践に生かされている．また，研究のために世界の多数の大学，研究機関などとのネットワークを形成するとともに国際貢献に寄与する国際人材の育成に努めている．さらに，研究成果はWebサイトでの公表，イベントを通じた研究交流さらに日本語および英語のニュースレターという定期刊行物ならびに本書のような書籍の刊行により広く公表されている．後で述べるように研究はさらに継続して行われるが，文部科学省による支援のスキームは2019年度で終了することになっている．そのため本書はこれまでの研究のまとめとして刊行されることになった．

本書を含めこれまで刊行された書籍は表14.1に示すとおりで，フィールドにおける研究成果の公開がその中心となっている．本書もその性格は引き継いでいるが，特に研究のテーマの広がりを踏まえて「SDGsをいかに実現するか」がその主な切り口になっている．センターのこれまでの書籍はテーマ全体を示す総括的な章以外の各章においては対象とする地域あるいはトピックは限定された範囲

表 14.1 本書を含めたセンター編集の書籍

刊行年	書名	出版社
2003年	環境共生社会学	朝倉書店
2005年	国際環境社会学	朝倉書店
2008年	国際共生社会学	朝倉書店
2012年	国際開発と環境－アジアの内発的発展に向けて	朝倉書店
2014年	国際開発と内発的発展－フィールドから見たアジアの発展のために[1]	朝倉書店
2017年	持続可能な開発目標と国際貢献－フィールドから見たSDGs	朝倉書店
2019年	国際貢献とSDGsの実現－持続可能な開発のフィールド－[2]	朝倉書店

[1] この書籍は国際開発学会審査委員会特別賞を受賞.
[2] 本書である.

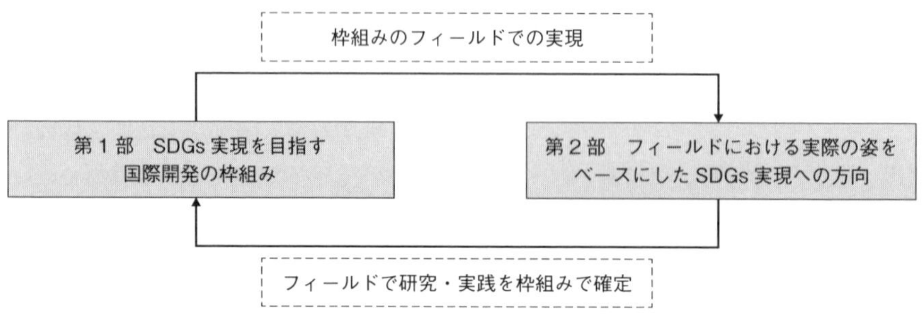

図 14.1 第1部と第2部の関係

を扱っていたが，SDGsは広い範囲の議論が必要であるもののそのすべてをカバーすることは容易ではない．このため，これまでの書籍と異なり国際貢献とSDGsの実現への道筋を示すために持続可能な開発の枠組みとフィールドを中心とした研究成果を体系化した2部構成とした．第1部ではSDGs実現を目指す国際開発の枠組みを，第2部ではフィールドにおける実際の姿をベースにしたSDGs実現への方向を記述している（図14.1）．またSDGs実現の方法を考えるためには，SDGsが地域により様々に異なる状況にあることを理解する必要がある．このため本書が取り扱うトピックもアジアのみならずアフリカ，中南米にも研究の視点を広げた幅広いものとなっている．

当センターが行ってきた研究・実践を枠組みで，（図14.1より）広く制度や慣習としてフィールドで確定していくこと，枠組みとして多くの公的機関などが取り組んできたことが実現していくことの循環がSDGsの実現に不可欠である．そのプロセスの中に当センターの取組が位置づけられれば幸いである．

14.2　本書においてSDGs実現の観点からどのようなことが書かれているか

具体的な内容については各章毎に見ていただくことになるが，本14.2節ではSDGs実現の観点から各章の意義を概観することとする．

14.2.1　第1部　SDGs実現に向けた課題と枠組み

SDGs実現のためには様々なフィールドでの取組が重要であることは言うまでもないが，同時にそのような取組が他の分野や地域などでも有効に機能してSDGsが広く実現できることが求められている．そのため，第1部ではマクロ的な課題とそれを解決するための枠組みについて議論している．はじめに第1章では特にわが国の国際協力実施機関の立場から見ていく．わが国はこれまでの経験や技術，経済的な資源をもっているが同時に制約も少なくない．この中でいかに適切に国際協力を進めるかの指針となる政策が重要である．

また第2章で述べるアフリカについてはアジアなどと比べて開発が容易ではない状況にあるが，どのような特性を有しているのか，また従来アフリカ内の各地域相互の連携が遅れていたがそれを解決しながらいかに開発を進めていくかといったアフリカ特有の課題とその解決につきこの地域を対象とする国際開発金融機関（アフリカ開発銀行）による開発の枠組み形成について示す．さらに第3章のラテンアメリカという地域の特性を踏まえたJICAによる支援の成果を示す．

上述以外にも多くの国際協力に関する機関があり，また地域的に見ても島嶼国といった独自の課題を有する地域もある．そのすべてを取り扱うことはできないが，第2部で示すような特定の分野のフィールドにおける課題の解決にはマクロ的な枠組みというものが有する意義と重要性を理解いただければと考えている（図14.1参照）．

14.2.2　第2部　SDGs実現に向けたフィールドからの取組

第2部においてはSDGsがフィールドにおいて実現されるものであることから当センターが研究あるいは実践により行ってきたフィールドからの取組について示している．ここでは主にトピックやテーマ毎に，当センターの研究員の研究や実践の成果やSDGs実現の方法などを示している．なおSDGsはその特徴として各分野が相互に関連した構造になっており，ある分野の成果は他の分野の実現に大きく寄与していることも多いため，あえて分野毎にまとめるといった構成としていない．詳しくは各章に示されているが，以下に第2部の内容のポイントについて述べる．

はじめに第4章においてはMDGsの重点であった脱貧困について中国における成果とそのためにどのような事業を行ったかを具体的に示し残された課題についても述べている．次いで第5章では先進国と開発途上国が共同で高等教育を実施し急務となっているその地域の公衆衛生分野の人材育成を行っている事例をとりあげ，持続的に事業を継続していくための方法が具体的に示されている．また，第6章ではICTの導入によりインフラ整備のネックを解消し必要なサービスを持続的に提供する事例を示しそのための方法を示すとともに日本の企業の協力についても示しており，新しい技術の導入における留意点が実証的に述べられている．第7章ではブラジル・サンパウロ総合大学におけるSDGs実践に向けた取組が示され，大学がSDGs実現に果たす多くの具体的な方法があげられている．

第8章においては先進国における社会構造の変化とそれに対応した福祉システムの変容について述べ，産業社会を経由せずに発展しつつある開発途上国に対する適用について考察している．第9章においては，スリランカにおける障害者支援について事例をあげてその意義やいかに持続的に事業を行っているかについて具体的に述べているとともにそのようなフィールドでの取組を進めるために制度を確立していく必要性について提案がなされている．

第10章においては都市内のコミュニティに着目し，自立的な活動によりコミュニティが継続的に改善されていく過程を示しておりコミュニティ・ベースでの居住地の改善について考察している．第11章においては温暖化対策としてCO_2の固定化の必要性とそのためのCCSの技術開発の進捗についてその最新の現状が示されている．他のトピックと異なり先進国における商業的な開発がとりあげられているが，地球規模の課題に対する大規模な技術開発の方法が具体的に示されている．第12章においては水道事業においてわが国の経験が自立的に活用され継続的に高質なサービスが提供されている事例を示している．また，第13章においてはわが国におけるSDGsの適用をテーマとして都市・地域開発における持続可能な開発途上国の発展を目指した先進国の経験の活用と協働が示されている．都市化の進展において先進国の経験と開発途上国における取組の双方向の交流の必要性・有効性が述べられている．

このように本書第 2 部においては個別の分野における取組が事例として示されているが，その成果は対象となっている国・地域や分野にとどまらず，広く多くの国・地域や他の分野で持続可能な開発を進めるために参照されるべきものと考えられ，これらの成果がフィールドから見た SDGs の実現のための重要な進め方を示していると言える．

14.3　SDGs 実現のためのキーワード

SDGs においては 17 の目標と 169 の指標があげられており，かつ相互に関係していることが述べられている．このため実現のためには縦割り的に個別に進めていくことに止まらず，共通するキーワードをもとに実現方策を作成し実施していく過程が重要と考えられる．すべてに同じように適用されるものではないが，14.3 節においては各章に示された内容をもとに SDGs 実現のために留意すべきとされた主なキーワードをあげる．

ボトムアップとトップダウン：SDGs 実現の方法論としてこの 2 つが結びつくことが重要，例えば SDGs が提案する長期的なビジョンと事例が示す結果の連携と検証などが必要である．これまでのフィールドにおける経験，成果をこのようなルールや枠組み形成に活かしていくことが重要である．

先進国と開発途上国の協働：先進国の経験と開発途上国の課題を協働して解決することが必要でその成果は先進国に還元される好循環も可能と考えられる．わが国の国際協力の経験もこの中で活用される．一方で先進国における経済の急速な変化への社会の対応を開発途上国でどのように受け止めるかという課題である．

自立の支援：先進国においても途上国においてもその発展は一つの発展モデルではなく個々に異なる発展の過程であることを認識し，目標や過程が異なるため持続可能な開発は自立により実現される．自立は救済から開発への転換で可能になる．また自立のために必要な国際協力においてはオーナーシップ，キャパシティデベロップメントが重視される．このためにわが国の経験である資金協力と人材育成を含む技術協力の一体化も効果があると考えられる．またすべての人が自立できるようにすることはSDGsが目指す「だれも取り残さない」ということのベースになるものである．

人材育成：グローバル化の中でSDGsを実現するために人材育成が重要でその中でも高等教育人材や国際人材の育成は重要でそのための大学の役割が強調される．

連携：SDGs実現のためには様々なレベルの連携が必要である．地域間（例えばアジア—アフリカ），地域内（例えばアフリカ諸国），先進国の民間，地方などと途上国の直接の結びつきやコミュニティ内部の連携など人々の間の連携も求められている．

新しい技術の開発と適用：新しい技術によるリープフロッグ的な問題解決が有効と考えられる分野があり適用が試みられているがその適用可能性と持続可能性についての留意が必要である．またCCSのような地球的課題の実現のための技術開発も求められている．

14.4 これからどのように研究を進めていくか

当センターは2019年度から本学に新たに設けられた「東洋大学重点研究推進プログラム」に採用されその支援のもとで研究を進めることとしている．このプログラムのもとで「発展途上国における生活環境改善による人間の安全保障の実現に関する研究」というタイトルで引き続いて研究を進めていくこととしている．この「人間の安全保障」という概念は1994年にUNDPの報告書により提案された概念で様々な定義があるが，2015年に閣議決定されたわが国のODA政策の基本である「開発援助協力大綱」にあげられている（第1章参照）．これから進めていく研究においては，これまでの研究成果を踏まえるとともに上述のようなキーワードを念頭におき，国際協力の実務や関連する他の研究とさらに密接に連携して具体的な方法を開発し示すこととともにSDGsの目標である2030年やさらにその先を見据えて研究を進めていくこととしたい．その成果は新たな刊行物として公刊することを含め14.1節に述べたような方法でSDGsの実現に寄与していきたい．

索　　引

欧　文

タ　行

ナ　行

ハ　行

国際貢献と SDGs の実現
—持続可能な開発のフィールド—

定価はカバーに表示

2019 年 11 月 1 日　初版第 1 刷

編集者　北　脇　秀　敏
　　　　松　丸　　　亮
　　　　金　子　　　彰
　　　　眞　子　　　岳
発行者　朝　倉　誠　造
発行所　株式会社　朝　倉　書　店
東京都新宿区新小川町 6-29
郵 便 番 号　162-8707
電　話　03(3260)0141
FAX　03(3260)0180
http://www.asakura.co.jp

〈検印省略〉

新日本印刷・渡辺製本

ISBN 978-4-254-18055-8　C 3040　Printed in Japan